新一代信息技术系列教材

基于新信息技术的 HTML5 和 CSS3 网页设计进阶教程

主编 叶 霖 谢钟扬 马 庆

U0379735

西安电子科技大学出版社

内 容 简 介

本书作为《基于新信息技术的 HTML5 和 CSS3 网页设计基础教程》的进阶卷，主要讲述 HTML5 和 CSS3 最新增加的高级功能的原理和应用技巧。

本书共分 10 章，内容包括 HTML5 的重要使命、HTML5 的多媒体、HTML5 的拖放、HTML5 的绘图、HTML5 的本地存储、Web Workers 多线程、HTML5 的离线缓存、CSS3 边框变换、CSS3 的变形处理、CSS3 的动画处理等。

本书适用于进行 Web 前端程序开发的深入学习者，学习本书需要具备 HTML、CSS、JavaScript 基础知识。

本书可作为高等学校和高职高专院校 Web 前端开发专业的教学参考书，也可供其他相关专业学生和技术人员参考。

图书在版编目(CIP)数据

基于新信息技术的 HTML5 和 CSS3 网页设计进阶教程 / 叶霖，谢钟扬，马庆主编.
—西安：西安电子科技大学出版社，2019.8
ISBN 978-7-5606-5407-2

Ⅰ. ① 基⋯ Ⅱ. ① 叶⋯ ② 谢⋯ ③ 马⋯ Ⅲ. ① 超文本标记语言—程序设计—教材 ② 网页制作工具—教材 Ⅳ. ① TP312.8 ② TP393.092.2

中国版本图书馆 CIP 数据核字(2019)第 159457 号

策划编辑　杨丕勇
责任编辑　师　彬　杨丕勇
出版发行　西安电子科技大学出版社(西安市太白南路 2 号)
电　　话　(029)88242885　88201467　　　邮　　编　710071
网　　址　www.xduph.com　　　　　　　电子邮箱　xdupfxb001@163.com
经　　销　新华书店
印刷单位　陕西天意印务有限责任公司
版　　次　2019 年 8 月第 1 版　　2019 年 8 月第 1 次印刷
开　　本　787 毫米×960 毫米　1/16　印　张　13
字　　数　228 千字
印　　数　1～3000 册
定　　价　34.00 元

ISBN 978-7-5606-5407-2 / TP

XDUP 5709001-1

如有印装问题可调换

前　　言

随着互联网技术越来越深地融入到社会生活的方方面面，互联网应用所涉及的功能、需求日益复杂，面向的用户群体更加广泛，对 Web 网页的复杂程度、用户友好性也提出了巨大的挑战。另一方面，近年来移动互联网发展的兴盛，也要求 Web 网页开发需要兼顾移动设备的浏览，要符合移动设备的使用习惯和功能要求。所以，Web 网页开发要满足业务发展提出的新需求和技术进步提出的新要求，这是一个很大的挑战。

面对这个挑战，Web 网页技术通过不断地完善自己及发展新的内容来应对。随着HTML5、CSS3 标准的更新，JQuery 框架的推出以及随之而来的大量的技术框架和解决方案的涌现，Web 网页技术领域在近年来呈现出井喷式的发展势头。

本书综合了编者多年来积累的各种 Web 网页开发经验以及各种高效的 Web 网页开发实践，详细介绍了 HTML5、CSS3 标准中新增加的功能，这些功能对于制作复杂、精美的页面能够起到至关重要的作用。本书力图用简明扼要的语言、翔实具体的实例，让读者从原理上理解和掌握最新的 HTML5、CSS3 页面制作技术。

本书共分 10 章，第 1 章对 HTML5 进行综述，第 2 章～第 7 章介绍 HTML5 新增加的功能，第 8 章～第 10 章介绍 CSS3 新增加的属性。

本书由叶霖、谢钟扬、马庆担任主编。其中：叶霖编写了第 1 章及第 5～7 章；谢钟扬编写了第 2～4 章；马庆编写了第 8～10 章。本书由叶霖负责统稿。

由于编者水平有限，书中难免会出现一些疏漏或者不准确的地方，恳请读者批评指正。

编　者

2019 年 5 月

目　　录

第 1 章　HTML5 **的重要使命**

1.1　Web 时代的变迁

Web(World Wide Web)即全球广域网，也称为万维网，它和我们经常说的"互联网"是两个联系极其紧密但却不尽相同的概念。互联网是通过一组通用协议互相连接在一起的计算机网络，而 Web 是运行在互联网上的一个超大规模的分布式系统。Web 的设计初衷是一个静态信息资源发布媒介，通过超文本标记语言(HTML)描述信息资源，统一资源标识符(URI)定位信息资源，超文本转移协议(HTTP)请求信息资源。HTML、URL 和 HTTP 三个规范构成了 Web 的核心体系结构，是支撑 Web 运行的基石。Web 是人类伟大的发明之一，也是计算机影响人类的表现之一。

随着计算机领域各项技术的不断进步以及人们对网络需求的不断增强，Web 也在持续不断地向前发展。Web 时代的变迁是一个渐变的过程，我们很难找到一个准确的时间点或重要事件来标志一个时代的开始或一个时代的结束，只能通过某一个时间段的总体特征大致地将 Web 时代进行定义。而我们目前正处在由 Web2.0 向 Web3.0 过渡的时期，那么，让我们先来了解一下 Web 时代的发展吧。

1.1.1　Web1.0

Web1.0 的主题是信息共享。Web 设计的初衷是用于科学家之间共享和传递信息，后来被一些大公司看到了其中所蕴含的巨大商业价值，他们开始将自己的商品及联系方式放到 Web 上进行展示，并取得了巨大的成功。随后，各种公司蜂拥进入 Web 宣传、推广自己的产品，Web 用户进入一个快速增长期。随着进入 Web 的商家越来越多，Web 也开始逐步走向商业化的道路。

随着 Web 人气的逐步提高，一些创业者开始聚焦 Web，随后出现了一批门户网站。我们现在谈论的门户网站其实和 Web1.0 时代的门户网站已经有所不同。那个时候，大多数网民面对茫茫网海无从下手，以提供搜索服务为主的门户网站扮演了引导网民"入门"的角色，成为网民进入互联网的"门户"。这些门户网站后期逐步演化为各种侧重不同的综合服务网站，有些发展成为主要提供综合类信息资源服务，将提供新闻服务作为主业乃至核心竞争力的综合性门户网站，国内最为出名的有新浪、网易、搜狐等；而有些发展成为提供强大搜索引擎和其他各种网络服务的搜索引擎式门户网站，国内最为著名的有百度；至于其他类型的门户网站，如地方生活门户网站、个人门户网站、视频网站等则是在 Web1.0 后期逐步出现的门户网站的不同表现形式。

Web1.0 是 Web 技术发展的第一个阶段，局限于当时的硬件条件及网络环境，网站主要以静态页面技术为主。大部分网站以纯 HTML 语言编写，由文字和图片组成，制作形式以表格为主，内容以网站编辑为主导，用户能够看到的内容是网站编辑处理后的。这个过程是网站向用户单向传递信息，网站负责展示信息，用户负责浏览信息，因此也有人将 Web1.0 时代称为"只读的时代"。

1.1.2　Web2.0

Web2.0 的主题是信息共建。Web1.0 只解决了人对信息搜索、聚合的需求，而没有解决人与人之间沟通、互动和参与的需求。因此，为了满足广大网民的需求，Web2.0 应运而生。

随着网民数量的迅猛增长以及网民的平均上网时间的加长，人们对 Web 的需求也发生了改变，开始出现了论坛。通过论坛，人们可以分享个人观点、发起互动讨论、发布信息等。这种新兴的上网模式立刻吸引了一大批上网爱好者的关注，人们也发现网站不仅可以提供信息，也可以进行沟通交流，从此，Web 逐渐迈向新的时代。

Web2.0 的代表应用有以新浪微博为代表的博客网站、以土豆优酷为代表的视频网站、以 QQ 空间为代表的个人空间网站、以豆瓣为代表的评论网站等。打开这些网站，你会发现它们都有以下一些共同的特点：

➢ 内容大多都是由用户自主创造的，突出个人观点及个性化。

➢ 重视网站用户体验，网站具有漂亮的外观、简易的操作性及快速的响应速度。

➢ 突出用户参与度，可读可写。

Web2.0 相比 Web1.0 的最大改变是，加强了网站与用户之间的互动，网站内容主要由用户提供，网站的诸多功能也由用户参与建设，实现了网站与用户的双向互动交流。在这个参与及互动的过程中，用户逐渐有了自己的数据，而这些数据可能分散在很多不同的网站中。这是一个非常普遍的现象，而这一现象也引发了一系列问题，如：这些数据是属于用户还是所在网站？如何整合这些数据？数据的隐私如何进行保护等。我们希望在今后的 Web 时代中能够解决这些问题。

1.1.3　Web3.0

目前，Web3.0 还只是一个业内人士之间的概念词语。业内对 Web3.0 的解释有很多，其中最常见的一种解释是用户可以在 Web 上拥有自己的数据，并且在多家网站中使用这些数据，完全基于 Web，用浏览器即可实现复杂系统程序才能实现的系统功能，用户数据在被审计后，同步于网络数据。也就是说，在 Web3.0 时代，用户在 Web 上将拥有自己的身份，使用这个身份信息，可以登录各种不同的网站；用户也将不再是在某个网站上传自己的作品，而是将这些作品上传到 Web 中，再给某个网站授权，以达到在该网站发布作品的目的。

另外，用户参与互联网的创作其实也算是一种劳动，这种劳动在 Web2.0 时代是无法直接带给用户经济利益的，只有当用户的创作获得了一定的认可度后才能通过其他方式获得劳动报酬。这种现象在 Web3.0 时代将会有所改变，人们参与到互联网的劳动中，特别是在内容上的创造，将会获得更多的荣誉、认同，包括财富和地位。

其实，这些在现在的 Web 中已经有所体现，只不过很少有人关注。现在的很多网站，用户可以不用注册而通过其他网站的账号，如 QQ 号、支付宝账号等直接登录；发布于某个网站的内容，可以通过转载或引用等方式直接发布到另外的网站上；某些网站提供积分、虚拟币等方式，当用户的积分或虚拟币达到一定数量后可以兑换成人民币等。这些新出现的 Web 模式已经有了 Web3.0 的特征，当条件达到一定支持度时，Web3.0 将会不知不觉地来到我们的身边。

当然，Web3.0 的这些特征都还处在概念阶段，至于真正到来的 Web3.0 具有哪些特征，只有当我们真正处于那个时代时才能进行总结、归纳。但不论如何，Web 发展的脚步是不会停下的，新的时代必将会来临。

1.2　HTML5 的目标

Web 的发展离不开技术的支持，HTML5 为 Web 的发展提供了全新的框架和平台，包括提供免插件的视频、图像动画、本地存储以及更多酷炫而且重要的功能，并使这些应用标准化，从而使 Web 能够轻松实现类似桌面的应用体验，使得在以前看来是不可能实现的功能成为了可能。可以说，HTML5 的出现具有跨时代的意义。

1.2.1　HTML 的发展历程

1993 年 6 月，互联网工程工作小组(IETF)发布了一份工作草案——"超文本标记语言(第一版)"，这被认为是 HTML 的第一个版本，但它并不是一个成型的标准，因为当时有很多不同的版本。直到两年后，即 1995 年的 11 月，HTML 第一个正式规范发布，为了和当时的各种 HTML 标准区分开来，使用了 HTML2.0 作为其版本号。其后，W3C(万维网联盟)组织接手 HTML 标准的制定，在短短的两年内，HTML 经过了 HTML3.2、HTML4.0 两次升级，最终在 1999 年 12 月升级成为 HTML4.01。至此，Web 世界开始进入快速发展阶段，业内一片欣欣向荣。人们一度认为 HTML 已经迎来了它的最高峰，不需要再进行升级，而 W3C 组织也将工作重心转向另外的方向，HTML 迎来了它的拐点。

W3C 组织认为 HTML 标准太过松散，比如：虽然<head>元素在每个 HTML 页面中都是不可或缺的，但如果你忘记在页面中加上<head>元素，浏览器还是会显示页面；有些标签是不允许被嵌套在另外一些标签内的，但你这样做了，页面也会正常显示，而不会显示错误信息，尽管显示的效果可能跟你预想的有些不同。于是 2000 年 1 月 W3C 推出了 XHTML1.0，它基于 HTML4.01，没有引入任何新标签或属性，唯一的区别是语法，要求严格按照 XHTML1.0 的标准语法来描述页面，一旦出现语法错误，页面会显示错误信息。比如在 HTML 中，空元素(只有开始标签没有结束标签的元素)没有结束标签，而在 XHTML 中，空元素必须在最后加入"/"才能被正确关闭(如：
)。

由于 XHTML1.0 对网页性能并没有任何实质性的提升，反而增加了页面编程人员的工作量，因此 XHTML1.0 发布后并没有被广大前端开发人员认可。而更加悲剧的是，XHTML 的后续版本 XHTML1.1，当时的主流浏览器 IE 不支持它们，XHTML2.0 甚至都没有被发布就被 W3C 终止了。W3C 希望将 Web 带向 XML 的光明未来的梦想开始陷入困境。

另一方面，在 HTML4.01 发布后，W3C 将重心转向发展 XML 技术，一些致力于发展 Web App 的公司另行成立了 WHATWG 组织(网页超文本应用技术工作小组)。WHATWG 一开始就和 W3C 走不同的路线，其主要工作包括两部分：Web Forms 2.0 和 Web Apps 1.0，它们都是 HTML 的扩展，后来它们合并到一起成为现在的 HTML5 规范。

2007 年，W3C 从 WHATWG 接手相关工作，重新开始发展 HTML5，而此时的 W3C 同时进行着两套规范的制定工作：XHTML2 和 HTML5。直到 2009 年，W3C 宣布终止

XHTML2 的相关工作，HTML5 开始逐渐进入广大开发者的视野中。

2014 年 10 月 29 日，W3C 宣布，经过近 8 年的艰辛努力，HTML5 标准规范终于最终制定完成了，并已公开发布。

1.2.2　HTML5 要解决的问题

HTML5 将取代 HTML4.01、XHTML1.0 标准，在互联网应用迅速发展的今天，使网络标准符合当代的网络需求，为桌面和移动平台带来无缝衔接的丰富内容。它将成为开放 Web 平台(Open Web Platform)的基石，进一步推动更深入的跨平台 Web 应用的发展。同时，HTML5 还解决了 HTML 历史遗留的几个大问题。

HTML4.01 没有考虑到 Web 的发展如此迅猛，在标准中没有提供对视频、动画和声音的支持，而 Web 这方面的需求被浏览器插件补充了。想要在网页中播放视频或者声音，只能通过第三方插件实现，而其中最为著名的是 Adobe 公司提供的第三方插件 "Adobe Flash Player"，久而久之，这个部署在亿万浏览器里的商业插件俨然成为了 HTML 中的另外一个标准。然而，Flash 毕竟是 HTML 体系之外的内容，与 HTML 的契合度并不是那么的完美，这就导致了一个很严重的问题：当 Flash 与 HTML 之间微小的裂缝被触及时，很容易引起浏览器崩溃。在 HTML4.01 时代，绝大部分的浏览器崩溃现象都是 Flash 引起的。

除了 Flash 这个商业产品成为事实标准，HTML4.01 标准还面临一个问题，那就是另一个扩展标准的制定者——IE。当时的 IE 在浏览器市场中占有绝对的统治地位，并且扩展了大量的仅 IE 支持的 "IE Only" 语法，比如 IE 默认的脚本语言是 JScript，它跟标准脚本语言 JavaScript 在功能和语法虽然大致相同，但在细节上还是有着一些差别，这就导致 Web 程序员不得不痛苦地为 IE 及其他浏览器编写两种脚本。浏览器不兼容现象由此而来，很多网站甚至只能使用 IE 进行浏览。

就这样，整个 Web 世界被两大 IT 巨头微软和 Adobe 绑架了。Web 企业每年不得不向 IE 和 Adobe 缴纳巨额的费用来使用它们的产品。最终，IT 巨头们都坐不住了，既然 HTML4.01 无法解决这个问题，那么就用新的标准来解决吧，而这个新的标准就是 HTML5。HTML5 就这样诞生了。

1.3　HTML5 的新功能

在正式学习 HTML5 的新功能之前，我们先来大致了解一下它相对于 HTML4.01 有了哪些功能上的扩展。

1.3.1 无插件范式

过去，很多功能只能通过插件或者复杂的 hack(针对原程序文件的直接修改)来实现，但在 HTML5 中，提供了对这些功能的原生支持。比如过去只能通过 Flash 播放视频和声音，而现在 HTML5 提供了 video 和 audio 元素来对视频和声音进行支持；再比如过去想在页面中画出某些图形是非常困难的，而现在有了 canvas 元素就能很轻易地实现了。现在的 Web 开发人员不需要再依赖插件就能制作出效果绚丽、功能强大的页面了。

1.3.2 新的 DOCTYPE 和字符集

HTML5 对 HTML 代码规范进行了大量的简化操作，使得 Web 页面的代码更加精简、高效。如 Web 页面的 DOCTYPE 就被极大地简化了。

以前的 DOCTYPE 有很多的版本，以下列举几个常见的 DOCTYPE：

- HTML 4.01 Strict

```
<!DOCTYPE HTML PUBLIC "-//W3C//DTD HTML 4.01//EN"
"http://www.w3.org/TR/html4/strict.dtd">
```

- HTML 4.01 Frameset

```
<!DOCTYPE HTML PUBLIC "-//W3C//DTD HTML 4.01 Frameset//EN"
"http://www.w3.org/TR/html4/frameset.dtd">
```

- XHTML 1.0 Strict

```
<!DOCTYPE html PUBLIC "-//W3C//DTD XHTML 1.0 Strict//EN"
"http://www.w3.org/TR/xhtml1/DTD/xhtml1-strict.dtd">
```

这些谁能够记得住？一般来说，在新建页面时，开发工具会直接为页面添加默认的 DOCTYPE，而开发人员如果需要用到其他类型的 DOCTYPE，则需要通过复制、粘贴来进行更换，这无疑又给开发人员增加了工作量和工作难度。HTML5 干净利落地解决了这一问题：

- HTML5

```
<!DOCTYPE html>
```

现在的 DOCTYPE 非常简单，相信你读两三遍就能背下它。跟 DOCTYPE 一样，字符集的声明也被简化了。过去，设置字符集为 UTF-8 是这样写的：

```
<meta http-equiv="Content-Type" content="text/html; charset=utf-8">
```

现在的写法是：

```
<meta charset="utf-8">
```

使用新的 DOCTYPE 后，浏览器会以 HTML5 标准模式显示页面。

1.3.3　新的 HTML 元素

HTML5 不仅仅是把现有的标记进行了简化，使它们更加简短，它还定义了一批新的元素，扩展出了许多新的功能。表 1-1 列举了几个比较常用的新元素。

表 1-1　HTML5 新元素

元　素	描　述
audio	定义声音或音乐内容
embed	定义外部应用程序的容器(比如插件)
source	定义<video>和<audio>的来源
track	定义<video>和<audio>的轨道
video	定义视频或影片内容
canvas	定义使用 JavaScript 的图像绘制
svg	定义使用 SVG 的图像绘制

限于本书篇幅，我们无法将所有 HTML5 的新元素列举出来，如果你想查看 HTML5 所有新元素，可以打开 W3C 官方参考手册首页(http://www.w3school.com.cn/tags/index.asp)，标签名后面有 HTML5 图标的皆为 HTML 新元素。

1.3.4　新的输入类型和属性

HTML5 不仅定义了一批新的元素，还为 input 元素提供了许多新的输入类型。比如在过去，我们想要创建一个优秀的时间选择输入框，需要写非常多的代码或者使用第三方提供的插件，但在 HTML5 中，我们只需一条命令就能实现：

```
<input type="date">
```

表 1-2 列举出了 HTML5 新增的输入类型。

表 1-2 HTML5 新的输入类型

输入类型	描　　述
color	<input type="color">用于应该包含颜色的输入字段
date	<input type="date">用于应该包含日期的输入字段
datetime	<input type="datetime">允许用户选择日期和时间(有时区)
datetime-local	<input type="datetime-local">允许用户选择日期和时间(无时区)
email	<input type="email">用于应该包含电子邮件地址的输入字段
month	<input type="month">允许用户选择月份和年份
number	<input type="number">用于应该包含数字值的输入字段
range	<input type="range">用于应该包含一定范围内的值的输入字段
search	<input type="search">用于搜索字段(字段的表现类似常规文本字段)
tel	<input type="tel">用于应该包含电话号码的输入字段
time	<input type="time">允许用户选择时间(无时区)
url	<input type="url">用于应该包含 URL 地址的输入字段
week	<input type="week">允许用户选择周和年

同时，HTML5 还添加了许多 input 元素的属性，提供更多便利功能，如表 1-3 所示。

表 1-3 HTML5 新增<input>标签属性

输入类型	描　　述
autocomplete	规定表单或输入字段是否应该自动完成。当自动完成开启时，浏览器会基于用户之前的输入值自动填写值
autofocus	如果设置该属性，则规定当页面加载时该 input 元素能自动获得焦点
form	规定该 input 元素所属的一个或多个表单
formaction	规定当提交表单时处理该输入控件的文件的 URL。formaction 属性会覆盖 form 元素的 action 属性，适用于 type="submit"以及 type="image"
formenctype	规定当把表单数据(form-data)提交至服务器时如何对其进行编码(仅针对 method="post"的表单)。formenctype 属性会覆盖 form 元素的 enctype 属性，适用于 type="submit"以及 type="image"
formmethod	定义向 action URL 发送表单数据(form-data)的 HTTP 方法。formmethod 属性会覆盖 form 元素的 method 属性，适用于 type="submit"以及 type="image"
formnovalidate	如果设置该属性，则规定在提交表单时不对该 input 元素进行验证

续表

输入类型	描　述
formtarget	该属性规定的名称或关键词指示提交表单后在何处显示接收到的响应。formtarget 属性会覆盖 form 元素的 target 属性
height 和 width	规定 input 元素的高度和宽度，仅用于<input type="image">
list	引用一个 datalist 元素，该元素中包含了<input>元素的预定义选项
min 和 max	规定 input 元素的最小值和最大值，适用于输入类型：number、range、date、datetime、datetime-local、month、time 以及 week
multiple	如果设置该属性，则规定允许用户在 input 元素中输入一个以上的值
pattern	规定用于检查 input 元素值的正则表达式，适用于输入类型：text、search、url、tel、email 以下 password
placeholder	规定用于描述输入字段预期值的提示(样本值或有关格式的简短描述)，该提示会在用户输入值之前显示在输入字段中，适用于输入类型：text、search、url、tel、email 以及 password
required	如果设置该属性，则规定在提交表单之前必须填写输入字段
step	规定 input 元素的合法数字间隔，适用于输入类型：number、range、date、datetime、datetime-local、month、time 以及 week

1.3.5　简化页面元素查找方式

HTML5 在 document 对象中引入了一种新的页面元素查找方式，使用这种方式，可以更加精确地获取想要获取的页面元素而不必再使用标准 DOM 获取所有元素再遍历查找。我们来对比一下 HTML5 出现前后页面元素查找方法的区别，如表 1-4 和表 1-5 所示。

表 1-4　以前查找元素的方法

函　数	描述	示　例
getElementById()	根据 ID 查找元素	<input id="username" type="text"> getElementById("username");
getElementsByName()	根据 name 查找元素集合	<input name="username" type="text"> getElementsByName("username");
getElementsByTagName()	查找所有该名字的标签	<input type="text"> getElementsByTagName("input");
getElementsByClassName()	根据 class 查找元素集合	<input class="ipt" type="text"> getElementsByClassName("ipt");

表 1-5　HTML5 新增查找元素的方法

函　数	描　述	示　例
querySelector()	根据指定的选择规则返回在页面中找到的第一个匹配元素	querySelector(".ipt"); 返回页面中 class="ipt" 的第一个元素
querySelectorAll()	根据指定的选择规则返回在页面中找到的所有匹配元素	querySelectorAll("ipt"); 返回页面中 class="ipt" 的所有元素

　　在 querySelector() 和 querySelectorAll() 方法中，参数和 CSS 中使用的选择器规则是一样的，这样就能非常灵活地选中一个或多个目标元素。我们可以通过下面的例子直观地看出新的元素查找方式是多么的便捷。

　　例 1-1　页面中有一个表格，鼠标点击某个单元格时改变单元格背景颜色为红色。

　　改变点击单元格背景颜色的代码如下：

```html
<!DOCTYPE html>
<html lang="en">
<head>
    <meta charset="UTF-8">
    <title>例 1-1：改变点击单元格背景颜色</title>
    <style>
        table{
            border-collapse: collapse;
        }
        td{
            border:1px black solid;
            width:150px;
            height:150px;
        }
    </style>
</head>
<body>
<table id="maintab">
    <tr>
        <td></td>
        <td></td>
```

```
            <td></td>
        </tr>
        <tr>
            <td></td>
            <td></td>
            <td></td>
        </tr>
        <tr>
            <td></td>
            <td></td>
            <td></td>
        </tr>
</table>
<script>
    document.getElementById("maintab").onclick = function(){
        var clickedtd = document.querySelector("td:hover");
        clickedtd.style.backgroundColor="red";
    }
</script>
</body>
</html>
```

从上面的代码可以看出，核心代码是：

```
var clickedtd = document.querySelector("td:hover");
```

通过一行代码即可找到点击表格时鼠标所悬停的单元格，这在以前是不可想象的。

相比 HTML4.01，HTML5 的新功能实在太多了，我们很难一一列举出来，那么接下来请你跟随我们的脚步开始 HTML5 新功能的探索旅程吧。

第 2 章 HTML5 的多媒体

只要浏览过网页的人都知道，网页中是可以播放视频和音频的，但很少有人注意到，网页中视频、音频的播放方式已经发生了巨大的改变。在 HTML5 之前，或者说在 2015 年之前，在网页上能够看到视频或播放歌曲的前提是必须安装网站指定的插件，如 Flash Player、RealPlayer、MediaPlayer。这些名字可能你并不陌生，因为基本上所有网站播放视频、音频都是使用这些插件，如果系统中没有安装网页要求的插件，网页会提示用户下载、安装。虽然在下载、安装过程中你可能并没有注意过它们到底叫什么，但是当你看到这些名字的时候还是会有种熟悉的感觉。

而现在，你会发现，即使你的电脑中没有安装任何的插件仍然可以正常播放网页中的视频和音频。因为在 HTML5 之前，没有一个标准的方式支持视频和音频，只能通过第三方插件的方式实现视频和音频播放，而 HTML5 定义了新的元素实现了视频和音频的嵌入标准，从此网页可以不依赖第三方插件直接播放视频和音频，摆脱了困扰 Web 十多年的困境，而它们就是 video(视频)和 audio(音频)元素。同时，对于这两个元素，HTML5 还提供了一套通用、完整、可脚本化控制的 API。

2.1 容器格式和编/解码格式

在我们开始学习和使用 video 和 audio 这两个元素之前，我们先来了解一下视频和音频的基础知识。

2.1.1 视频、音频的容器

我们常见的视频文件的扩展名有 mkv、avi、mp4 等，音频文件的扩展名有 mp3、wav 等，其实这些仅仅只是容器的格式，它们类似于压缩了一组文件的压缩包文件。对于一个视频文件(视频容器)，一般包含了视频轨道、音频轨道及其他一些元数据，如图

2-1 所示。视频播放时，视频轨道与音频轨道同步进行，而元数据则包含了描述该视频的数据(如作者、标题等)及字幕等。我们在看视频时可以调整声音延迟或提前，可以更换字幕就是因为它们在容器中是分开存放的。

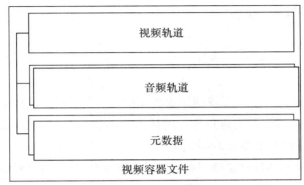

图 2-1　视频容器

目前，视频文件(视频容器)种类有很多，此处只列举一些最常见的：

➤ Audio Video Interactive(.avi)

➤ Flash Video(.flv)

➤ MPEG-4(.mp4)

➤ Matroska(.mkv)

➤ Ogg(.ogv)

➤ WebM(.webm)

2.1.2　视频、音频的编/解码器

视频、音频的编/解码器其实就是一组算法，用来对视频或音频进行编码和解码。对视频和音频进行编码，是为了它们能够快速地传播。原始的媒体文件体积非常大，假如不对其进行编码，那么想要在网络中传播将会变得非常困难。试想一下：当你下载一部不到两小时的电影时发现这个电影文件有几十个 GB，先不论早期的硬盘格式能不能存储如此大的文件，只问你还会不会有兴趣将它下载下来？你的硬盘中能保存几部这样的电影？视频和音频被编码后，若没有解码器的话，接收方就不能把被编码过的数据重组成原始的媒体数据，视频或音频也就无法播放。需要注意的是，不同容器格式对应的编/解码器是不同的。

常见的音频编/解码器如下：

- ➢ ACC
- ➢ MPEG-3
- ➢ Ogg Vorbis

常见的视频编/解码器如下：

- ➢ H.264
- ➢ VP8
- ➢ Ogg Theora

有些编/解码器是免费的，有些则受专利保护，需要付费，虽然 HTML5 很想统一指定编/解码器，但实施起来却困难重重，最后不得不放弃对编/解码器的要求。因此而引发的问题就是各种不同的浏览器对视频格式的支持是有区别的,后面我们将会详细讲解。Web 开发人员只能熟悉各种浏览器对视频和音频编/解码器的支持情况，并针对不同的浏览器环境嵌入不同的源文件。相信随着 HTML5 的发展，HTML5 对不同编/解码器的支持程度会越来越高，最终支持任何格式的视频文件。

2.2　浏览器支持特性检测

video 和 audio 元素是 HTML5 的新元素，它们的可用性被有意地设计为不需要任何脚本来进行检测。你可以设置多个源文件，支持 HTML5 新特性的浏览器会自动选择一个它所支持的视频格式来进行播放，而不支持 HTML5 新特性的浏览器(目前除了 IE8 及之前的版本，其余都支持 HTML5)会完全忽略掉这两个元素。根据这一特点，我们在一般页面制作中只需要在 video 或 audio 元素中写入提示信息即可。向页面中插入视频和音频的完整代码如下：

```
<!DOCTYPE html>
<html lang="en">
<head>
    <meta charset="UTF-8">
    <title>Title</title>
</head>
<body>
    <audio  src="audio.mp3"  controls>您的浏览器不支持播放音乐，请更换浏览器打开本页面！
```

```
</audio>
    <br>
    <video  src="video.mp4"  controls>您的浏览器不支持播放视频，请更换浏览器打开本页面！
</video>
</body>
</html>
```

如果支持 HTML5 的浏览器，如 Chrome 则会显示如图 2-2 所示的内容。

如果不支持 HTML5 的浏览器，如 IE8 则会显示如图 2-3 所示的内容。

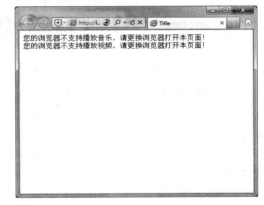

图 2-2　支持 HTML5 浏览器显示　　　　图 2-3　不支持 HTML5 浏览器显示

audio 及 video 元素　　　　　　　　　audio 及 video 元素

但是，如果你想要任何页面都能正确打开所制作的视频播放页面或者你需要对视频做更多的操作，就需要使用 JavaScript。检测浏览器是否支持 video 和 audio 元素，我们可以用以下 JavaScript 函数来进行。

检测页面是否支持 video 的代码如下：

```
function isSupportVideo(){
    return !!(document.createElement("video").canPlayType);
}
```

检测页面是否支持 audio 的代码如下：

```
function isSupportAudio(){
    return !!(document.createElement("audio").canPlayType);
}
```

如果浏览器支持 video 及 audio 元素，则被创建的元素对应的 DOM 对象会有一个名为 canPlayType() 的方法，反之，该对象只会拥有一些所有元素都具有的公共属性。我们先动态创建一个需要检测的对象，检测 canPlayType() 方法是否存在，再通过"!!"运算符将结果转换成 bool 值，就可以检测出元素是否被支持。

如果检测到浏览器不支持 video 或 audio 元素，那么我们可以使用 JavaScript 向页面嵌入媒体标签来引入想要播放的视频。虽然同样可以用脚本控制媒体，但是使用的是诸如 Flash 等其他播放技术。

2.3 视频、音频的脚本控制

HTML5 DOM 为 audio 和 video 元素提供了方法、属性和事件。这些方法、属性和事件允许我们使用 JavaScript 来操作 audio 和 video 元素，开发人员可以基于这些方法、属性和事件自行开发媒体播放用户界面，制作属于自己的视频或音频播放器。列举一些常用的方法和属性如表 2-1～表 2-4 所示。

表 2-1　HTML5 audio/video 方法

函　数	描　述
addTextTrack()	向音频/视频添加新的文本轨道
canPlayType()	检测浏览器是否能播放指定的音频/视频类型
load()	重新加载音频/视频元素
play()	开始播放音频/视频
pause()	暂停当前播放的音频/视频

表 2-2　HTML5 audio/video 只读属性

函　数	描　述
audioTracks	返回表示可用音轨的 AudioTrackList 对象
duration	返回当前音频/视频的长度(以秒计)
ended	返回音频/视频的播放是否已结束
played	返回表示音频/视频已播放部分的 TimeRanges 对象
currentSrc	返回当前音频/视频的 URL
error	返回表示音频/视频错误状态的 MediaError 对象

表 2-3　HTML5 audio/video 可设置属性

函　数	描　述
autoplay	设置或返回是否在加载完成后随即播放音频/视频
loop	设置或返回音频/视频是否应在结束时重新播放
currentTime	设置或返回音频/视频中的当前播放位置(以秒计算)
controls	设置或返回音频/视频是否显示控件(比如播放/暂停等)
volume	设置或返回音频/视频的音量
muted	设置或返回音频/视频是否静音
playbackRate	设置或返回音频/视频播放的速度

表 2-4　HTML5 audio/video 事件

函　数	描　述
ended	当目前的播放列表已结束时
pause	当音频/视频已暂停时
play	当音频/视频已开始或不再暂停时
playing	当音频/视频在已因缓冲而暂停或停止后已就绪时
seeked	当用户已移动/跳跃到音频/视频中的新位置时
seeking	当用户开始移动/跳跃到音频/视频中的新位置时
waiting	当视频由于需要缓冲下一帧而停止时

更多的 HTML5 视频和音频的 DOM 参考手册可参考 W3C 官方资料：http://www.w3school.com.cn/tags/html_ref_audio_video_dom.asp。

2.4　HTML5 中的音频

现在，我们对 HTML5 视频和音频有了一个基本的了解，接下来，我们将学习如何在页面中使用 audio 元素嵌入声音。

2.4.1　audio 元素的基本操作

在下面的代码中，我们创建一个页面，页面中有一个播放器，其中加载了一首歌曲，点击播放按钮就能播放歌曲。歌曲播放页面的完整代码如下：

```
<!DOCTYPE html>
<html lang = "en">
<head>
    <meta charset = "UTF-8">
    <title>Title</title>
</head>
<body>
    <audio src = "audio.mp3" controls>
        一首好听的歌曲，您的浏览器不支持它的播放，请更换浏览器打开本页面！
    </audio>
</body>
</html>
```

这段代码中，在页面中嵌入了一个名为"audio.mp3"的音频文件，它和 HTML 文档在同一个路径下。在 Chrome 浏览器中打开的效果如图 2-4 所示，在图中可以看到一个音频播放器，它有播放/暂停按钮、播放时间/总播放时间、播放进度条、声音控制滑动条及更多操作按钮(展开后有一个下载按钮，有些浏览器会直接显示为下载按钮)。这是 HTML5 默认音频播放器，支持 audio 元素的不同浏览器显示的外观有区别，但功能基本一致。

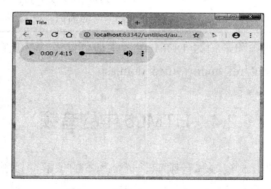

图 2-4　简单音频播放页面

在上面的代码中，向页面中嵌入音频的代码为：

```
<audio src="audio.mp3" controls>
    一首好听的歌曲，您的浏览器不支持它的播放，请更换浏览器打开本页面！
</audio>
```

代码中，src 属性用于告诉浏览器播放的声音的数据源位置；controls 属性告诉浏览器显示用户控件，如果不设置显示用户控件，则页面上将不会显示播放器，当然你也无法开始播放音乐，除非你设置音乐自动播放；开始标签和结束标签中间的文字用于为不支持 audio 元素的浏览器提供替代显示内容，当然，这些文字你也可以将它设置为 Flash 播放器等播放插件，或者直接给出播放源文件的链接地址。

<audio>标签有很多属性，用于为音频提供更多的设置，如表 2-5 所示。

表 2-5　audio 属性

属　性	描　　述
autoplay	如果出现该属性，则音频在就绪后马上播放。注意：自动播放属性目前存在一个问题，Safari 和 Chrome 浏览器目前已经宣布禁止带有声音的多媒体自动播放功能，相信今后会有更多的浏览器加入禁用行列
controls	如果出现该属性，则向用户显示控件，比如播放按钮
loop	如果出现该属性，则每当音频结束时重新开始播放
muted	规定视频输出应该被静音
preload	如果出现该属性，则音频在页面加载时进行加载，并预备播放；如果使用"autoplay"，则忽略该属性
src	要播放的音频的 URL

了解了 audio 元素的使用方法，我们接下来综合应用一下它吧。

例 2-1　制作一个带有背景音乐的页面。

带有背景音乐页面的完整代码如下：

```
<!DOCTYPE html>
<html lang="en">
<head>
    <meta charset="UTF-8">
    <title>例 2-1：带有背景音乐的页面</title>
</head>
<body>
    <audio src="audio.mp3" autoplay loop>
    </audio>
</body>
</html>
```

代码非常简单，思路也不难，背景音乐有几个特点：

(1) 打开页面后，背景音乐会自动播放；

(2) 背景音乐不需要显示音乐播放控制器；

(3) 背景音乐应该循环播放。

总结了背景音乐的特点后，我们就能很容易地为页面添加背景音乐了。首先使用 audio 元素在页面中嵌入一个音频，使用 autoplay 属性设置页面加载完成后自动播放歌曲；不加入 controls 属性，页面中则不会生成播放控制器；使用 loop 属性设置音乐循环播放。

一般设置背景音乐的目的是给页面渲染某种氛围，但是大部分用户对页面背景音乐比较反感，这个时候可以考虑在页面中添加一个按钮来设置背景音乐的打开或关闭，利用按钮或超链接关联 JavaScript 来控制 audio 元素，在页面 body 元素中添加以下代码可加入背景音乐控制按钮。在例 2-1 制作的页面的 audio 元素后面添加如下代码：

```
<div>
    <a href="javascript:;" onclick="setBGMusic()">打开/关闭背景音乐</a>
    <script>
        function setBGMusic(){
            var bgVideo = document.querySelector("audio");
            if(bgVideo.paused)
            {
                bgVideo.play();
            }else{
                bgVideo.pause();
            }
        }
    </script>
</div>
```

在上面的代码中，我们添加一个超链接，设置超链接点击后触发脚本 setBGMusic()。在脚本中，首先通过 querySelector()方法找到音频对象，再通过对象的 paused 属性判断音频是否在播放；如果音频在播放中，则暂停音频；如果音频暂停，则播放音频。

2.4.2　使用 source 元素

前面我们已经介绍过，音频的格式有很多，而 HTML5 中的 audio 元素支持的音频格式只有 3 种：Ogg Vorbis(.ogg)、MP3(.mp3)、Wav(.wav)。因为涉及专利权和特许权使用费等法律和财务问题，不同浏览器对视频格式的支持是不同的。我们可以通过表 2-6 看到主流浏览器对音频格式的支持情况。

表 2-6　主流浏览器对音频格式的支持情况

	IE 9	Firefox	Opera	Chrome	Safari
Ogg Vorbis		√	√	√	
MP3	√			√	√
Wav		√	√		√

由表 2-6 可以看到，没有一种格式的音频文件是所有主流浏览器所支持的，如果想要让任何浏览器打开你的页面都能播放音频的话，至少需要在页面中嵌入两种不同格式的音频文件。HTML5 标准也考虑到了这个问题，可以为一个 audio 元素设置多个源文件，格式如下：

```
<audio>
    <source src="audio.ogg" type="audio/ogg">
    <source src="audio.mp3" type="audio/mpeg">
</audio>
```

注意：source 元素的 type 属性可以省略不写，如果写了就一定要与数据源的格式对应。

我们可以将音频转换成不同的格式放在项目中，并通过 source 元素为 audio 元素指定多个数据源，浏览器会在 source 元素中自动选择支持的格式进行播放。

2.4.3　浏览器支持音频格式检测

我们可以通过 JavaScript 检测技术来检测浏览器的音频格式支持情况。我们先来看看下面这段测试浏览器是否支持.ogg 类型的代码。

```
function isSupportAudioOgg(){
    if(isSupportAudio()){
        return false;
```

```
    }
        var elem = document.createElement("audio");
        return elem.canPlayType("audio/ogg; codecs="vorbis"");
}
```

在 2.2 浏览器支持特性检测章节中，我们已经了解了如何检测浏览器是否支持 audio 元素，因此上面的代码直接使用我们提供的 isSupportAudio()方法来判断浏览器是否支持 audio 元素，如果浏览器不支持 audio 元素，则肯定无法播放音频，直接返回 false。接下来使用 createElement()方法创建一个 audio 元素，然后调用它的 canPlayType()方法，将 Ogg Vorbis 类型的参数传入，测试 audio 能否播放.ogg 格式的音频文件。

测试浏览器是否支持.mp3 类型的代码如下：

```
function isSupportAudioMp3(){
    if(isSupportAudio()){
            return false;
    }
        var elem = document.createElement("audio");
        return elem.canPlayType("audio/mpeg;");
}
```

测试浏览器是否支持.wav 类型的代码如下：

```
function isSupportAudioWav(){
    if(isSupportAudio()){
        return false;
    }
    var elem = document.createElement("wav");
    return elem.canPlayType("audio/wav; codecs="1");
}
```

注意：调用 canPlayType()方法，返回值不是 bool 值。因为视频格式非常复杂，所以这个方法返回的是一个字符串。

➢ probably：表示浏览器有充分的把握可以播放此格式。

➢ maybe：表示浏览器有可能可以播放此格式。

➢ 空字符串：表示浏览器无法播放此格式。

因此，在使用我们提供的方法判断能否播放某种格式的音频时，应该判断返回值不为空则表示可以播放。如判断能否播放.mp3 格式文件：

```
if(isSupportAudioMp3() != ""){
    alert("可以播放.mp3 文件");
}else{
    alert("不能播放.mp3 文件");
}
```

2.5　HTML5 中的视频

我们在先前的学习中学会了 audio 元素的使用，那么 video 的学习也就相当简单了，因为它们区别不大，只是 video 元素比 audio 元素多了一些属性而已。

2.5.1　video 元素的基本操作

在下面的代码中，我们创建了一个页面，页面中有一个播放器，其中加载了一个视频，点击播放按钮就能播放视频。视频播放页面的完整代码如下：

```
<!DOCTYPE html>
<html lang="en">
<head>
    <meta charset="UTF-8">
    <title>Title</title>
</head>
<body>
    <video src="video.mp4" controls>
        一个好看的视频，您的浏览器不支持它的播放，请更换浏览器打开本页面！
    </video>
</body>
</html>
```

看到这段代码是不是很熟悉？没错，在页面中嵌入视频和嵌入音频的代码基本一样，差别只是标签名和数据源的格式不同而已。在上面的代码中，我们在页面中嵌入了一个名为 video.mp4 的视频，这是最近非常流行的一首歌曲的 MV。Chrome 浏览器打开的效果如图 2-5 所示。

图 2-5　视频播放页面

从图 2-5 中可以看到，视频播放器和音频播放器一样有播放/暂停按钮、播放时间/总播放时间、播放进度条、声音控制滑动条及更多操作(下载)等按钮，另外还多了一个全屏模式按钮和画面。通过上面的图片及分析代码可以看到，视频并没有播放，而等待画面是视频的第一帧。

在上面的代码中，向页面中嵌入视频的代码为：

```
<video src="video.mp4" controls>
    一个好看的视频，您的浏览器不支持它的播放，请更换浏览器打开本页面！
</video>
```

代码与嵌入音频相似，因此这里不再赘述。我们直接来看看 video 元素有哪些属性吧。video 属性如表 2-7 所示。

表 2-7　video 属性

属　性	描　述
autoplay	如果出现该属性，则视频在就绪后马上播放。注意：自动播放属性目前存在一个问题，Safari 和 Chrome 浏览器目前已经宣布禁止带有声音的多媒体自动播放功能，相信今后会有更多的浏览器加入禁用行列
controls	如果出现该属性，则向用户显示控件，比如播放按钮

续表

属 性	描 述
height	设置视频播放器的高度
loop	如果出现该属性，则每当音频结束时重新开始播放
muted	规定视频输出应该被静音
poster	规定视频下载时显示的图像，或者在用户点击播放按钮前显示的图像
preload	如果出现该属性，则音频在页面加载时进行加载，并预备播放；如果使用"autoplay"，则忽略该属性
src	要播放的音频的 URL
width	设置视频播放器的宽度

与 audio 属性进行对比，video 属性多了 3 个：height、width 和 poster。可以发现，这 3 个属性都是和画面有关，其中需要注意的是：

➢ 对于视频来说，同时设置 height 和 width 只能设置播放器的高度和宽度，并不会改变视频画面的长宽比。因此，我们一般只设置 height 和 width 中的一个即可。

➢ 请记住每次在页面嵌入视频时都要设置 height 或 width，否则页面加载完成时视频播放器只会默认大小，等加载了视频后视频播放器会扩大，将有一个从小到大的闪现变化，且视频的大小会根据视频分辨率发生变化，不利于页面布局。

➢ poster 与 autoplay 属性一般不同时出现，因为设置视频自动播放时，视频的封面图片会一闪而过，就失去了设置它的意义。poster 与 preload="meta"属性设置一般同时出现，这样可以为网页用户节省流量，提高网页打开速度。

2.5.2 使用 source 元素

和 audio 元素相似，目前 video 元素支持的视频格式也是 3 种：Ogg Vorbis(.ogg)、MPEG-4(.mp4)、WebM(.webm)。各主流浏览器对视频格式的支持如表 2-8 所示。

表 2-8 主流浏览器对音频格式的支持情况

	IE 9	Firefox	Opera	Chrome	Safari
Ogg Vorbis		√	√	√	
MPEG-4	√			√	√
WebM		√	√	√	

通过表 2-8 可以看到，除了 Chrome 浏览器支持所有的视频格式外，其他主流浏览器都只支持 3 种格式中的一种或两种。如果想要让任何浏览器打开你的页面都能播放视频的话，至少需要在页面中嵌入两种不同格式的视频文件。同 audio 元素一样，我们可以使用 source 元素为一个 video 元素设置多个源文件，格式如下：

```
<video>
    <source src="video.ogg" type="video/ogg">
    <source src=" video.mp4" type="video/mp4">
</video>
```

注意：source 元素的 type 属性可以省略不写，如果写了就一定要与数据源的格式对应。

2.5.3 浏览器支持视频格式检测

视频格式支持与音频格式支持类似，前面我们已经了解了音频格式检测的方法，因此此处不再赘述，只展示检测代码。

检测是否支持.ogg 类型的代码如下：

```
function isSupportVideoOgg(){
    if(isSupportVideo()){
        return false;
    }
    var elem = document.createElement("video");
    return elem.canPlayType("video/ogg; codecs="theora");
}
```

检测是否支持.mp4 类型的代码如下：

```
function isSupportVideoMp4(){
    if(isSupportVideo()){
        return false;
    }
    var elem = document.createElement("video");
    return elem.canPlayType("video/mp4; codecs="avc1.42E01E");
}
```

检测是否支持 .webm 类型的代码如下：

```
function isSupportVideoWebm(){
    if(isSupportVideo()){
        return false;
    }
    var elem = document.createElement("video");
    return elem.canPlayType("video/webm; codecs="vp8, vorbis");
}
```

使用我们提供的方法判断能否播放某种格式的视频，如判断能否播放 .mp4 格式文件如下：

```
if(isSupportVideoMp4() != ""){
    alert("可以播放.mp4 文件");
}else{
    alert("不能播放.mp4 文件");
}
```

第 3 章　HTML5 的拖放

拖放其实是由两个动作实现的，即拖动(drag)和放下(drop)。在 HTML5 发布之前，想要实现拖动功能，需要利用鼠标的 mousedown、mousemove、mouseup 事件配合复杂的 JavaSCRIPT 代码才能实现。而在 HTML5 时代，拖动已经成为 HTML5 标准的一部分，使用起来也相对简单了很多。

3.1　浏览器支持检测

Internet Explorer 9、Firefox、Opera 12、Chrome 以及 Safari 5 支持拖放。

我们可以通过以下代码来测试浏览器是否支持 HTML5 拖放特性。

```
function isSupportDraggable(){
    var div = document.createElement("div");
    return ("draggable" in div) || ("ondragstart" in div && "ondrop" in div);
}
```

3.2　实现简单拖放

下面的例子是一个简单的拖放实例。

例 3-1　拖动前页面效果如图 3-1 所示，页面中有一个方框，方框下有一张图片，将图片拖动放入方框中。

图 3-1　拖动前页面效果

拖动效果实现代码如下:

```
<!DOCTYPE html>
<html lang="en">
<head>
    <meta charset="UTF-8">
    <title>HTML5 拖放</title>
    <style>
        #div1{
            width:400px;
            height:300px;
            background-color:#ccc;
            padding:20px;
        }
    </style>
    <script>
        function allowDrop(event) {
            event.preventDefault();
        }
        function drop(event){
            event.preventDefault();
            var data = event.dataTransfer.getData("Text");
```

```
                event.target.appendChild(document.getElementById(data));
            }
        function dragStart(event){
                event.dataTransfer.setData("Text",event.target.id);
            }
    </script>
</head>
<body>
<div id="div1" ondrop="drop(event)" ondragover="allowDrop(event)"></div>
<img id="img1" src="H5C3.jpg" ondragstart="dragStart(event)"/></body>
</html>
```

拖放后页面效果如图 3-2 所示。

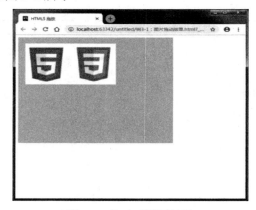

图 3-2　拖动后页面效果

　　实现拖动的思路是：当光标在图片上按住鼠标左键进行移动时，将被该图片元素的 id 存入 dataTransfer 对象中；当光标移动到目标 div 元素中放开鼠标左键时，将被记录了 id 的图片元素设置为该 div 元素的子元素。在这个过程中，我们称被拖动的元素为源元素，拖动的目的地为目的地元素。

　　同时，目的地元素默认拒绝接收被拖放的元素，我们在页面拖动元素的过程中，需要通过 preventDefault() 方法关闭目的地元素默认行为。

　　在上面的代码中，首先是题目提供的内容：一张图片和一个 div 元素。其代码如下：

```
<div id="div1"></div>
<img id="img1" src="H5C3.jpg"/>
```

其中 div 元素设置了 CSS 样式。其代码如下：

```
#div1{
    width:400px;
    height:300px;
    background-color:#ccc;
    padding:20px;
}
```

实现拖动，首先编写开始拖动 JavaScript 代码，将元素 id 记录在 dataTransfer 对象中。其代码如下：

```
function dragStart(event){
    event.dataTransfer.setData("Text",event.target.id);
}
```

为源元素添加拖动开始事件，绑定开始拖动 JavaScript 代码。其代码如下：

```
<img id="img1" src="H5C3.jpg" ondragstart="dragStart(event)"/>
```

在将源元素拖入目的地元素时，关闭目的地元素默认的行为，编写以下 JavaScript 代码，绑定到目的地元素的 ondragover 事件。

```
function allowDrop(event) {
    event.preventDefault();
}
```

```
<div id="div1" ondragover="allowDrop(event)"></div>
```

当鼠标左键在目的地元素内松开时，关闭目的地元素的默认行为，再从 dataTransfer 对象中将保存在其中的 id 取出来，通过此 id 找到源元素，再将源元素设置为目的地元素的子元素。编写以下 JavaScript 代码，绑定到目的地元素的 ondrop 事件。

```
function drop(event){
    event.preventDefault();
    var data = event.dataTransfer.getData("Text");
    event.target.appendChild(document.getElementById(data));
}
```

```
<div id="div1" ondrop="drop(event)" ondragover="allowDrop(event)"></div>
```

从以上的实例中，我们可以总结出简单拖放的实现步骤：拖动什么(ondragstart) → 放到何处(ondragover) → 进行放置(drop)。

3.3　拖放相关的属性和事件

1. 拖放相关的属性

要实现元素的拖放，需要先设置元素的 draggable="true"属性，即将元素设置为可拖放。在上面的例子中并没有设置这个属性，因为链接和图片默认是可拖放的，不需要设置 draggable 属性。属性设置语法如下：

```
<element draggable="true | false | auto" >
```

- ➤ true: 可以拖动。
- ➤ false: 禁止拖动。
- ➤ auto: 跟随浏览器定义是否可以拖动。

2. 拖放相关的事件

与拖放相关的元素有两个，在拖放的过程中会分别触发如表 3-1 所示的事件。

表 3-1　拖放相关的事件

针对对象	事件名称	描　　述
被拖动的元素	ondragstart	在元素开始被拖动时触发
(源元素)	ondrag	在元素被拖动时反复触发
	ondragend	在拖动操作完成时触发
要放入的元素	ondragenter	当被拖动元素进入目的元素所占据的屏幕空间时触发
(目的地元素)	ondragover	当被拖动元素在目的元素内时触发
	ondragleave	当被拖动元素没有放下就离开目的地元素时触发
	ondrop	当被拖动元素放下时触发

ondragenter、ondragover 和 ondrop 事件的默认行为是拒绝接收任何被拖放的元素，因此，我们必须阻止浏览器这种默认行为。通过 event.preventDefault()方法可以阻止浏览器默认行为(对于火狐浏览器，需要使用 event.stopPropagation()方法阻止浏览器默认行为)。

3.4 dataTransfer 对象

为了在拖放中实现数据交换，需要用到 dataTransfer 对象。dataTransfer 对象是事件对象 event 的一个属性，只能在拖放事件中访问，该属性用于保存拖放的数据和交互信息，并返回 dataTransfer 对象。

1. dataTransfer 对象的属性

dataTransfer 对象列入标准的属性有 4 个，如表 3-2 所示。

表 3-2　dataTransfer 对象的属性

属性名	可能的值	描　述
dropEffect		设置或返回拖放操作的实际行为。它应该始终设置成 effectAllowed 的可能值之一：none、move、copy、link，否则操作会失败。该属性在 ondragenter 和 ondragover 事件中进行设置
	copy	源元素复制到目的地元素
	link	目的地元素建立一个源元素的链接
	move	源元素移动到目的地元素
	none	不允许放置到目的地元素
effectAllowed		指定拖放操作所允许的效果。它必须是其中之一：none、copy、copyLink、copyMove、link、linkMove、 move、all、uninitialized。该属性只能在 ondragstart 事件中设置
	copy	源元素复制到目的地元素，此时 dropEffect 应设置为"copy"
	copyLink	源元素复制或建立一个链接到目的地元素，此时 dropEffect 应设置为"copy"或"link"
	copyMove	源元素复制或移动到目的地元素，此时 dropEffect 应设置为"copy"或"move"
	link	目的地元素建立一个源元素的链接，此时 dropEffect 应设置为"link"
	linkMove	源元素移动或建立一个链接到目的地元素，此时 dropEffect 应设置为"link"或"move"
	move	源元素移动到目的地元素，此时 dropEffect 应设置为"move"
	all	允许所有拖放行为
	uninitialized	默认值，效果等同于 all
	none	禁止所有拖放行为

属性名	可能的值	描　述
files		返回拖动操作中的文件列表。从本地硬盘拖拽文件到浏览器中时，包含所有可用的本地文件的列表。如果拖动操作不涉及拖动文件，此属性是一个空列表
types		只读属性，返回一个 list 对象，包含所有存储到 dataTransfer 的数据类型，是我们在 ondragstart 事件中设置的拖动数据格式的数组。其格式顺序与拖动操作中包含的数据顺序相同

2. dataTransfer 对象的方法

dataTransfer 对象列入标准的方法有 4 个，如表 3-3 所示。

表 3-3　dataTransfer 对象的方法

方法名称	描　述
void setData(format，data)	将拖动操作的拖动数据设置为指定的数据和类型。参数 format 定义数据类型，data 定义需要存储的数据
String getData(format)	返回指定格式的数据。参数 format 定义要读取的数据类型，应与 setData() 中设置的 format 一致。如果指定的数据类型不存在，则返回空字符串或报错
void clearData([format])	删除给定类型的拖动操作的数据。如果给定类型的数据不存在，此方法不执行任何操作；如果不给定参数，则删除所有类型的数据
void setDragImage(img, xOffset, yOffset)	指定一副图像，当拖动发生时，显示在光标下方。大多数情况下不用设置，因为被拖动的节点被创建成默认图片。x、y 参数分别指示图像的水平、垂直偏移量

3.5　拖放图片到浏览器

HTML5 可以实现从本地拖放文件到浏览器中，利用 FileReader 对象读取文件，并进行后续操作。此功能一般应用在图片拖放和文件上传操作中，将本地图片拖放并显示到页面指定位置或为文件选择控件提供直接拖放功能。下面是一个简单的本地图片拖放实例。

例 3-2　拖动本地图片放入页面指定的位置。

拖放图片到浏览器的代码如下：

```
<!DOCTYPE html>
<html lang="en">
<head>
    <meta charset="UTF-8">
    <title>例 3-2：拖放图片到浏览器</title>
    <style>
        #div1{
            width:800px;
            height:500px;
            background-color: #ccc;
            padding:10px;
        }
    </style>
    <script>
        window.onload = function(){
            var eDropDiv = document.getElementById("div1");

            eDropDiv.ondragover = function(event){
                event.preventDefault();
            };
            eDropDiv.ondrop = function(event){
                event.preventDefault();
                var fileList = event.dataTransfer.files;
                var fileType = fileList[0].type;
                var eImg = document.createElement("img");
                var reader = new FileReader();
                if(fileType.indexOf("image") == -1){
                    alert("必须是图形文件！");
                    return;
                }
                reader.onload = function(event){
```

```
                    eImg.src = this.result;
                    eDropDiv.appendChild(eImg);
                };
                reader.readAsDataURL(fileList[0]);
            };
        };
    </script>
</head>
<body>
<div id="div1"><p>请将图片文件拖放到此处。</p></div>
</body>
</html>
```

拖入图片前页面显示效果如图 3-3 所示，拖入图片后页面显示效果如图 3-4 所示。

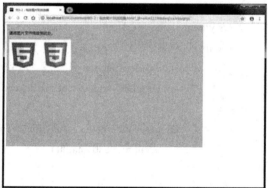

图 3-3　拖入图片前页面显示　　　　　　图 3-4　拖入图片后页面显示

需要注意的是：拖动本地文件到浏览器，当浏览器支持拖放文件格式时，浏览器默认会打开本地文件；当浏览器不支持拖放文件格式时，浏览器会默认触发下载器下载该文件。同时，不同浏览器打开本地文件的方式有所不同。

➢ Chrome：如果该文件是浏览器可浏览文件(图片等)，浏览器会在当前窗口打开文件的预览。

➢ FireFox：如果该文件是浏览器可浏览文件(图片等)，浏览器会在新窗口打开文件的预览。

➢ IE：如果该文件是浏览器可浏览文件(图片等)，浏览器会在当前窗口打开文件的预览。

要阻止浏览器的默认行为，直接为目的地元素添加事件的方法是不行的，只能通过 JavaScript 在页面加载完成后为目的地元素追加相应方法。关键代码如下：

```
<script>
    window.onload = function(){
        var eDropDiv = document.getElementById("div1");

        eDropDiv.ondragover = function(event){
            event.preventDefault();
        };
        eDropDiv.ondrop = function(event){
            event.preventDefault();
            var fileList = event.dataTransfer.files;
            var fileType = fileList[0].type;
            var eImg = document.createElement("img");
            var reader = new FileReader();
            if(fileType.indexOf("image") == -1){
                alert("必须是图形文件！");
                return;
            }
            reader.onload = function(event){
                eImg.src = this.result;
                eDropDiv.appendChild(eImg);
            };
            reader.readAsDataURL(fileList[0]);
        };
    };
</script>
```

当页面加载完成时加载 JavaScript 匿名函数。其代码如下：

```
window.onload = function(){

}
```

在这个匿名函数中，找到目的地元素。其代码如下：

```
var eDropDiv = document.getElementById("div1");
```

　　为目的地元素两个事件 ondragover 和 ondrop 附加 JavaScript 匿名函数。

　　在 ondragover 事件中，阻止元素的默认行为。其代码如下：

```
eDropDiv.ondragover = function(event){
    event.preventDefault();
};
```

　　在 ondrop 事件中，先阻止元素的默认行为；再通过 dataTransfer 对象获取文件列表，因为我们只拖动一个图片文件，因此可以直接通过下标[0]找到文件，获取文件类型；然后创建一个 img 元素和一个 FileReader 对象；接下来判断获取的文件类型是否支持 img 元素，如果不支持，则给出提示并返回；如果 img 元素支持文件类型，则使用 FileReader 对象读取文件地址并赋值给 img 元素，并将该 img 元素添加为目的地元素的子元素；最后通过 FileReader 对象的 readAsDataURL()方法将读取到的文件编码成 Data URL 置于页面中。其代码如下：

```
eDropDiv.ondrop = function(event){
    event.preventDefault();
    var fileList = event.dataTransfer.files;
    var fileType = fileList[0].type;
    var eImg = document.createElement("img");
    var reader = new FileReader();
    if(fileType.indexOf("image") == -1){
        alert("必须是图形文件！");
        return;
    }
    reader.onload = function(event){
        eImg.src = this.result;
        eDropDiv.appendChild(eImg);
    };
    reader.readAsDataURL(fileList[0]);
};
```

第 4 章　HTML5 的绘图

HTML5 规范中，在浏览器中创建图形可以使用两种方式：画布 canvas 和可伸缩矢量图形 SVG。这两种方式虽然在页面中的表现形式相差不大，但是它们在根本上是不同的。由于 SVG 需要 XML 基础知识作为前置知识储备，因此本书只对画布 canvas 绘图进行讲解。

4.1　canvas API 简介

canvas 是 HTML5 新增的组件，它就像一块幕布，可以用 JavaScript 在上面绘制各种图表、动画等。没有 canvas 的年代，绘图只能借助 Flash 插件实现，页面不得不用 JavaScript 和 Flash 进行交互。有了 canvas，我们就再也不需要 Flash 了，可以直接使用 JavaScript 完成图形绘制。

关于 HTML5 Canvas API 的内容非常多，本节只介绍最常见的功能，这些功能都比较简单。

4.2　浏览器支持检测

Internet Explorer 9、Firefox、Opera、Chrome 以及 Safari 支持 canvas 元素及其属性和方法，Internet Explorer 8 以及更早的版本不支持 canvas 元素。

和其他 HTML5 元素一样，在支持 canvas 元素的浏览器中，canvas 元素里面的内容是不会显示的，但是在不支持的情况下，会显示出来。于是，我们可以把它作为提示用语，用来在不支持 canvas 元素的浏览器中进行提示。方法如下：

```
<canvas>
        您的浏览器不支持绘图，请更换或升级您的浏览器！
</canvas>
```

同时，我们可以使用下面的方法检测浏览器是否支持 canvas 元素。

```
function isSupportCanvas(){
    var elem = document.createElement("canvas");
    return !!(elem.getContext && elem.getContext("2d"));
}
```

一般来讲，创建 canvas 元素并检查 getContext 属性就可以检测浏览器是否支持 canvas 元素，但是在一些浏览器下不够准确，所以再检测一下 elem.getContext("2d") 的执行结果，就可以完全确定。

关于 canvas 元素，有一点要补充的，那就是 fillText 方法。尽管浏览器支持 canvas 元素，但是我们并不能确定它是否支持 fillText 方法。检测支持 fillText 的方法如下：

```
function isSupportCanvasText(){
    var elem = document.createElement("canvas");
    var context = elem.getContext("2d");
    return typeof context.fillText === "function";
}
```

4.3 什么是 canvas

canvas 只是 HTML5 中的一个标签而已，可定义一个画布，它本身没有任何作用，就相当于是一个矩形区域的画板，在画板上没有任何东西，但是你可以使用 JavaScript 在它上面画任何你想画的东西，你可以控制其上的每一个像素。它默认的宽度为 300px，高度为 150px，背景为透明色。

canvas 是支持样式控制的，比如设置边框、边距、背景等，但是有一个地方值得注意：在设置 canvas 宽度和高度时，如果用 style 样式来设置，会把图像进行拉伸，因此请注意时刻为 canvas 元素设置宽度和高度。例如：

```
<canvas width="1000px" height="800px">
    你的浏览器不支持 canvas
</canvas>
```

同时，canvas 元素是一个行内元素，请千万不要忽略这一点，在页面布局时这一点至关重要。通过以下代码可以进行测试：

```
<canvas style="background-color:#ccc; ">
    你的浏览器不支持 canvas
</canvas>
我会出现在 canvas 的右边还是下面？
```

页面显示效果如图 4-1 所示。

图 4-1　canvas 元素是行内元素的表现

4.4　canvas 中的坐标

canvas 中的坐标与 HTML 标准坐标一致，即左上角为(0，0)，右下角为设置的宽度及高度(x，y)；(0，0)点称为原点，也叫初始点，即绘图开始的位置。如以下代码：

```
<canvas width="1000px" height="800px" style="background-color: #ccc"></canvas>
```

在页面中的表现如图 4-2 所示。

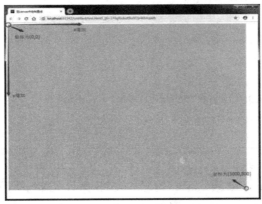

图 4-2　canvas 中的坐标

4.5   在 canvas 上绘图

我们先来看一个实例。

例 4-1   在 canvas 上绘制一个矩形。

在 canvas 上绘制一个矩形的代码如下：

```
<!DOCTYPE html>
<html lang="en">
<head>
    <meta charset="UTF-8">
    <title>canvas 画图</title>
    <style>
        #canv{
            background-color: #ccc;
        }
    </style>
    <script>
        window.onload = function(){
            var cv = document.getElementById("canv");
            var ctx = cv.getContext("2d");
            ctx.fillStyle = "red";
            ctx.fillRect(10,10,300,100);
        }
    </script>
</head>
<body>
    <canvas id="canv" width="1000px" height="800px"></canvas>
</body>
</html>
```

在上面的代码中，我们先在页面中放置了一个 canvas 元素，设置元素的宽度为 1000 px，高度为 800 px，id 为 canv；再通过 CSS 为该元素添加一个灰色的背景色；然后通过 JavaScript 在 canvas 中绘制一个矩形。核心代码如下：

```
window.onload = function(){
    var cv = document.getElementById("canv");
    var ctx = cv.getContext("2d");
    ctx.fillStyle = "red";
    ctx.fillRect(10,10,300,100);
}
```

在页面加载完成后开始进行绘图。首先找到 canvas 元素，通过 getContext("2d")方法获取画布上的绘图环境，通过 fillStyle()方法设置绘图颜色为红色，通过 fillRect()方法填充一个矩形区域。

大多数 Canvas 绘图 API 都没有定义在 canvas 元素本身上，而是定义在通过画布的 getContext("2d")方法获得的一个"绘图环境"对象上(getContext()方法目前只有"2d"这一个参数，以后会有"3d"，至于什么时候公布大家可以自行查找相关资料)。因此，在 canvas 中绘图时，大部分时间其实都是在操作"绘图环境"对象上进行绘制。

Canvas API 分为属性部分和方法部分，内容很多，逐个解读可能不利于我们对功能的理解，因此，后面的内容我们将会以功能为单位进行讲解。如果需要了解所有的属性和方法，可以参考 W3C 官方参考手册：http://www.w3school.com.cn/tags/html_ref_canvas.asp。

为了便于说明，我们在绘图前获取 canvas 元素和绘图环境元素，统一为以下代码：

```
var cv = document.getElementById("canv");
var ctx = cv.getContext("2d");
```

```
<canvas id="canv" width="500px" height="300px" style="background-color:#ccc">
</canvas>
```

4.5.1　绘制直线

绘制直线相关的方法和属性如表 4-1 所示。

表 4-1　绘制直线相关的方法和属性

类　型	名　称	描　述
方法	moveTo(x，y)	把路径移动到画布中的指定点，不创建线条
	lineTo(x，y)	添加一个新点，然后在画布中创建从该点到最后指定点的路径线条
	stroke()	绘制已定义的路径
属性	strokeStyle	设置或返回用于笔触的颜色、渐变或模式

在页面中绘制直线的代码如下：

```
<!DOCTYPE html>
<html lang="en">
<head>
    <meta charset="UTF-8">
    <title>在 canvas 中绘制直线</title>
    <script>
        window.onload = function(){
            var cv = document.getElementById("canv");
            var ctx = cv.getContext("2d");

            ctx.strokeStyle = "red";
            ctx.moveTo(10,10);
            ctx.lineTo(200,200);

            ctx.moveTo(50,10);
            ctx.lineTo(300,200);
            ctx.lineTo(400,200);
            ctx.stroke();
        }
    </script>
</head>
<body>
    <canvas id="canv" width="500px" height="300px" style="background-color: #ccc">
    </canvas>
</body>
</html>
```

上面的代码中，首先设置笔触的颜色为红色。其代码如下：

```
ctx.strokeStyle = "red";
```

接下来的绘制分为两个阶段：

第一阶段，将路径移动到(10，10)，再创建一根线条连接到(200，200)。其代码如下：

```
ctx.moveTo(10,10);
ctx.lineTo(200,200);
```

第二阶段，将路径移动到(50，10)，然后创建一根线条连接到(300，200)，最后再创建一根线条连接到(400，200)。

线条定义完成后，绘制已定义的路径。其代码如下：

```
ctx.stroke();
```

页面显示如图 4-3 所示，moveTo(x，y)方法只是把笔触移动到目标位置，并不会留下轨迹，而 lineTo(x，y)方法会从笔触当前位置移动到目标位置，并且进行连线。另外需要注意的是，使用 lineTo(x，y)方法之前一定要确定笔触位置，否则 canvas 会将笔触的当前位置视为笔触初始位置而不会创建任何线条。

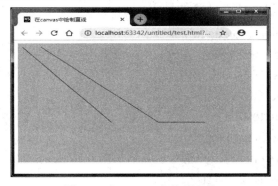

图 4-3　在 canvas 中绘制直线

通过绘制直线，我们已经基本了解了 canvas 的运作，因此后面的内容只对必要部分进行讲解。

4.5.2　绘制方框

绘制方框相关的方法和属性如表 4-2 所示。

表 4-2　绘制方框相关的方法和属性

类　型	名　称	描　述
方法	rect(x，y，w，h)	在(x，y)坐标点绘制一个矩形，宽度为 w，高度为 h。此方法只是绘制路径，需要进行后续处理
	fillRect(x，y，w，h)	在(x，y)坐标点绘制一个填充矩形，宽度为 w，高度为 h
	strokeRect(x，y，w，h)	在(x，y)坐标点绘制一个描边矩形，宽度为 w，高度为 h
	fill()	填充已定义的路径，路径中至少包含不在同一直线上的三个点
属性	fillStyle	设置或返回用于填充绘画的颜色、渐变或模式

在页面中绘制矩形的代码如下：

```
<!DOCTYPE html>
<html lang="en">
<head>
    <meta charset="UTF-8">
    <title>在 canvas 中绘制矩形</title>
    <script>
        window.onload = function(){
            var cv = document.getElementById("canv");
            var ctx = cv.getContext("2d");
            //设置笔触和填充的颜色
            ctx.strokeStyle = "red";
            ctx.fillStyle = "blue";
            //在坐标(10,10)绘制一个宽度为 100px 高度为 200px 的矩形
            ctx.strokeRect(10,10,100,200);
            //在坐标(160,10)绘制一个宽度为 100px 高度为 200px 的矩形
            ctx.fillRect(160,10,100,200);
            //在坐标(310,10)绘制一个宽度为 100px 高度为 200px 的矩形
            ctx.rect(310,10,100,200);
            ctx.fill();
        }
    </script>
</head>
<body>
<canvas id="canv" width="500px" height="300px" style="background-color: #ccc">
</canvas>
</body>
</html>
```

页面显示效果如图 4-4 所示。

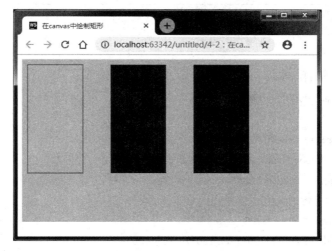

图 4-4 在 canvas 中绘制矩形

从页面显示效果中，我们可以看出不同方法的作用是不同的。在 canvas 中，从左向右绘制出了 3 个宽度为 100px、高度为 200px 的矩形。从中可以总结出如下规律：

➢ rect()不能单独使用，必须借助 fill()、stroke()方法。

➢ rect()+fill() 组合的效果和 fillRect()一致，可等价。

➢ 同理，rect()+stroke()组合的效果和 strokeRect()一致，可等价。

4.5.3 绘制圆或弧

绘制圆形或弧形的使用方法为 arc(x，y，r，sAngle，eAngle，counterclockwise)。其中：x、y 是圆心坐标；r 是半径；sAngle 是开始弧度；eAngle 是结束弧度；counterclockwise 表示顺时针还是逆时针方式，默认为顺时针 false，逆时针为 true。

注意：此处是使用弧度(rad)来进行计算的，大家在高中时期应该学习过弧度，接下来我们来回忆一下弧度有关的知识：

➢ 1rad = 1r ≈ 57.3°。

➢ 一周 = 360° = (2π) rad。

➢ 1° = (2π/360)rad = (π/180) rad。

JavaScript 中没有π，但是有函数 Math.PI，如果需要用到准确的弧度，则需要使用此函数。

在页面中绘制一个空心圆的代码如下：

```html
<!DOCTYPE html>
<html lang="en">
<head>
    <meta charset="UTF-8">
    <title>在 canvas 中绘制圆和弧</title>
    <script>
        window.onload = function(){
            var cv = document.getElementById("canv");
            var ctx = cv.getContext("2d");
            //设置笔触的颜色
            ctx.strokeStyle = "red";
            //绘制一个圆，圆心在(200,150),半径为 100px
            ctx.arc(200,150,100,0,2*Math.PI);
            ctx.stroke();
        }
    </script>
</head>
<body>
<canvas id="canv" width="500px" height="300px" style="background-color: #ccc">
</body>
</html>
```

页面显示效果如图 4-5 所示。

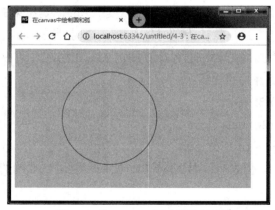

图 4-5　在 canvas 中绘制圆和弧

canvas 中绘制圆的开始位置是在最右边，方向默认是顺时针，示意图如图 4-6 所示。

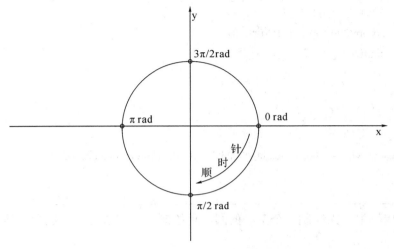

图 4-6　绘制圆的示意图

4.5.4　开始和关闭路径

我们来看这样一个需求：在 canvas 中绘制两个圆，一个空心，一个实心。

用之前所学的内容，尝试进行下面的代码：

```
<!DOCTYPE html>
<html lang="en">
<head>
    <meta charset="UTF-8">
    <title>绘制空心和实心两个圆</title>
    <script>
        window.onload = function(){
            var cv = document.getElementById("canv");
            var ctx = cv.getContext("2d");
            //设置笔触和填充的颜色
            ctx.strokeStyle = "red";
            ctx.fillStyle = "blue";
            //绘制一个空心的圆
            ctx.arc(100,100,50,0,2*Math.PI);
```

```
                ctx.stroke();
                //绘制一个实心的圆
                ctx.arc(300,100,50,0,2*Math.PI);
                ctx.fill();
            }
        </script>
</head>
<body>
<canvas id="canv" width="500px" height="300px" style="background-color: #ccc">
</body>
</html>
```

上面的代码中，先绘制一个空心的圆，再绘制一个实心的圆，运行的结果如图 4-7 所示。

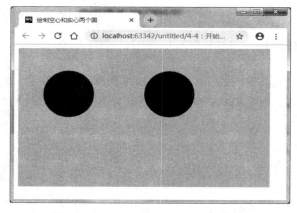

图 4-7　绘制两个圆错误代码执行效果

从图 4-7 中可以看出，两个圆都是实心，且第一个圆还有红色的描边。分析错误原因为：第一个贺其实绘制了两次。

解决这个问题需要用到如表 4-3 所示的两个方法。

表 4-3　开始和关闭路径方法

名　称	描　述
beginPath()	起始一条路径或重置当前路径
closePath()	结束路径并创建从当前点回到起始点的路径

这两个方法一般是成对存在的，closePath() 方法会将画笔移到 beginPath()的位置，并且结束画布。接下来，我们对上面有问题的代码进行改造，在每一次绘制圆之前开始路径，绘制完成后结束路径。其代码如下：

```
<!DOCTYPE html>
<html lang="en">
<head>
    <meta charset="UTF-8">
    <title>绘制空心和实心两个圆</title>
    <script>
        window.onload = function(){
            var cv = document.getElementById("canv");
            var ctx = cv.getContext("2d");
            //设置笔触和填充的颜色
            ctx.strokeStyle = "red";
            ctx.fillStyle = "blue";
            //绘制一个空心的圆
            ctx.beginPath();
            ctx.arc(100,100,50,0,2*Math.PI);
            ctx.stroke();
            ctx.closePath();
            //绘制一个实心的圆
            ctx.beginPath();
            ctx.arc(300,100,50,0,2*Math.PI);
            ctx.fill();
            ctx.closePath();
        }
    </script>
</head>
<body>
<canvas id="canv" width="500px" height="300px" style="background-color: #ccc">
</body>
</html>
```

页面显示效果如图 4-8 所示。

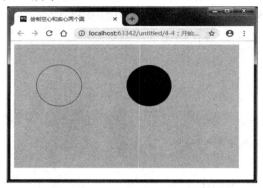

图 4-8 绘制两个圆正确代码执行效果

4.5.5 绘制文字

绘制文字相关的方法和属性如表 4-4 所示。

表 4-4 绘制文字相关的方法和属性

类 型	名 称	描 述
方法	fillText(text，x，y，maxWidth)	在画布上绘制"被填充的"文本，text 为要绘制的文本，x、y 为绘制的起始坐标，maxWidth 为绘制文本的最大宽度
	strokeText(text，x，y，maxWidth)	在画布上绘制文本(无填充)，参数同上
	measureText(text)	返回包含指定文本宽度的对象，text 为要测量的文本，对象有一个 width 属性(为测量文本的宽度)
属性	Font	设置或返回文本内容的当前字体属性
	textAlign	设置或返回文本内容的当前对齐方式
	textBaseline	设置或返回在绘制文本时使用的当前文本基线

在页面中绘制两行文字的代码如下：

```
<!DOCTYPE html>
<html lang="en">
<head>
    <meta charset="UTF-8">
    <title>在 canvas 中绘制圆和弧</title>
```

```
    <script>
        window.onload = function(){
            var cv = document.getElementById("canv");
            var ctx = cv.getContext("2d");
            //设置笔触和填充的颜色
            ctx.strokeStyle = "red";
            ctx.fillStyle = "blue";
            //设置字体属性
            ctx.font = "50px 仿宋";
            //绘制第一行文字
            ctx.fillText("使用 canvas 绘制文字",10,100);
            //绘制第二行文字
            ctx.strokeText("使用 canvas 绘制文字",10,200);
        }
    </script>
</head>
<body>
<canvas id="canv" width="500px" height="300px" style="background-color: #ccc">
</body>
</html>
```

页面显示效果如图 4-9 所示。

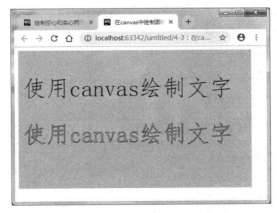

图 4-9　在 canvas 中绘制两行文字

canvas 中绘制文字时，起始坐标并不是左上角，而是文字基线(Baseline)。在 CSS 中我们知道文字有基线，在 canvas 中绘制文字同样有基线。基线可以通过 textBaseline 属性进行设置，默认值是 alphabetic。通过下面的代码可以看出文字与其坐标的关系：

```
<!DOCTYPE html>
<html lang="en">
<head>
    <meta charset="UTF-8">
    <title>canvas 中的文字基线</title>
    <script>
        window.onload = function(){
            var cv = document.getElementById("canv");
            var ctx = cv.getContext("2d");
            //设置笔触的颜色
            ctx.strokeStyle="blue";
            //绘制基线
            ctx.moveTo(5,100);
            ctx.lineTo(395,100);
            ctx.stroke();
            //设置字体属性
            ctx.font="20px Arial";
            //以不同的基线绘制文本
            ctx.textBaseline="top";
            ctx.fillText("Top",5,100);
            ctx.textBaseline="bottom";
            ctx.fillText("Bottom",50,100);
            ctx.textBaseline="middle";
            ctx.fillText("Middle",120,100);
            ctx.textBaseline="alphabetic";
            ctx.fillText("Alphabetic",190,100);
            ctx.textBaseline="hanging";
            ctx.fillText("Hanging",290,100);
        }
```

```
    </script>
</head>
<body>
<canvas id="canv" width="500px" height="300px" style="background-color: #ccc">
</body>
</html>
```

页面显示效果如图 4-10 所示。

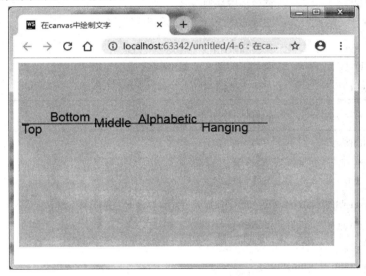

图 4-10　canvas 中的文字基线

4.5.6　绘制图像

canvas 中绘制图像的方法如表 4-5 所示。

表 4-5　canvas 中绘制图像的方法

名　称	描　　述
drawImage(img，x，y)	向画布上绘制图像、画布或视频
drawImage(img，x，y，width，height)	向画布上绘制图像、画布或视频
drawImage(img, sx, sy, swidth, sheight, x, y, width,height)	向画布上绘制图像、画布或视频

drawImage()方法参数说明如表 4-6 所示。

表 4-6　drawImage()方法参数说明

参　数	描　述
img	规定要使用的图像、画布或视频
sx	开始剪切的 x 坐标位置
sy	开始剪切的 y 坐标位置
swidth	被剪切图像的宽度
sheight	被剪切图像的高度
x	在画布上放置图像的 x 坐标位置
y	在画布上放置图像的 y 坐标位置
width	要使用的图像的宽度(伸展或缩小图像)
height	要使用的图像的高度(伸展或缩小图像)

在 canvas 中绘制一张图片的代码如下：

```
<!DOCTYPE html>
<html lang="en">
<head>
    <meta charset="UTF-8">
    <title>在 canvas 中绘制图像</title>
    <script>
        window.onload = function(){
            var cv = document.getElementById("canv");
            var ctx = cv.getContext("2d");
            //创建一个图片对象
            var eImg = document.createElement("img");
            //当图片对象加载完成时，运行匿名方法
            eImg.onload = function(){
                //在 canvas 中绘制一张图片
                ctx.drawImage(eImg,50,50,eImg.width*0.5,eImg.height*0.5);
            };
            //设置图片的引用位置
            eImg.src = "H5C3.jpg";
        }
```

```
    </script>
</head>
<body>
<canvas id="canv" width="500px" height="300px" style="background-color: #ccc">
</body>
</html>
```

页面显示效果如图 4-11 所示。

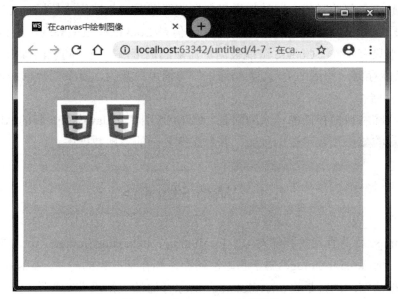

图 4-11　在 canvas 中绘制图像

如果想深入了解 canvas 更多的属性和方法，请参考 W3C 官方参考手册：http://www.
w3school.com.cn/tags/html_ref_canvas.asp。

第 5 章　HTML5 **的本地存储**

在 HTML5 之前的时代，网站如果想在浏览器端存储个性化的数据，尤其是用户的浏览痕迹，只能将相关数据存储在 Cookie 中，但是 Cookie 有很多弊端，比如 Cookie 存储数据的大小只有 4KB，Cookie 可能被浏览器限制也可以被用户随意清除等。这就导致了 Cookie 只能存储一些诸如 ID 之类的标识符等简单的数据，复杂的数据根本无法通过 Cookie 进行存储。

为了解决网站数据存储的一系列限制，HTML5 引入了 JavaScript 新的 API，我们能直接存储大量的数据到客户端浏览器，并且支持复杂的本地数据库。

5.1　Web Storage

Web Storage 目前有两种存储对象：localStorage 和 sessionStorage。localStorage 属于永久性存储，而 sessionStorage 属于临时性储存，当会话结束的时候，sessionStorage 中的键值对会被清空。也就是说，localStorage 对象存储的数据没有时间限制，一小时、一天、一年后，数据依然可用，sessionStorage 对象在用户关闭浏览器窗口时，数据就会被删除。不难看出，这两个对象对应的其实就是 HTML5 之前的 Cookie 和 Session。

5.1.1　浏览器支持检测

一般来讲，判断浏览器是否支持 Web Storage，我们只需检查全局对象是否有 localStorage 或 sessionStorage 属性之一即可。此处，我们提供的检测方法是检测全局对象是否有 localStorage 属性。其代码如下：

```
function isSupportLocalStorage(){
    try {
        if("localStorage" in window && window["localStorage"] !== null){
```

```
            localStorage.setItem("test_str", "test_str");
            localStorage.removeItem("test_str");
            return true;
        }
        return false;
    } catch(e){
        return false;
    }
}
```

在一些浏览器禁用 Cookie 或者设置了隐私模式等，这时候检查属性会报错，所以加在 try 语句中，如果报错了则认为不支持 Web Storage。

5.1.2　Web Storage API

Web Storage API 提供了一系列的属性和方法，访问储存在本地的数据。这些属性和方法在 localStorage 和 sessionStorage 中都能够使用，主要的 API 如表 5-1 所示。

表 5-1　Web Storage API

类　型	名　称	描　述
方法	key(n)	返回存储的第 n 个键的名称
	getItem(key)	返回键对应的值。如果不存在该键，则返回 null。注意：返回的值是一个 string 类型，如果存储的值是 int 或 bool 类型，则需要进行类型转换
	setItem(key，value)	把键和对应的值插入到 Web Storage 中
	removeItem(key)	移除某个键对应的值(包含键本身)。如果键不存在，则此方法不做任何事情
	clear()	清空储存的所有键和对应的值
属性	length	返回存储的键的个数

另外，Web Storage API 还提供了监听事件，当 Storage 对象发生变化时(创建/更新/删除，修改值时不会触发该事件)，StorageEvent 事件就会触发，与发生改变的窗口同源的每个窗口的 window 对象上都会触发 Web Storage 事件。

监听 Storage 事件的代码如下：

```
window.addEventListener("storage", StorageEvent)
```

StorageEvent 接口：

➢ key：属性包含了存储中被更新或删除的键。

➢ oldValue: 更新前键对应的数据。

➢ newValue: 更新后键对应的数据。

➢ URL: Storage 事件发生的 URL 地址。

➢ storageArea:指向发生改变的 localStorage。

以 localStorage 监听事件为例，以下代码为 localStorage 添加监听事件：

```
window.addEventListener("storage", function (e) {
    var msg = "原本的值为：" + e.oldValue + "。现在改为：" + e.newValue + "。";
    alert(msg);
});
```

注意：Web Storage API 监听事件只会发生在同源窗口中(同一个页面的不同窗口)，当前窗口不会触发监听事件。如果对应的操作没有值，则该值为 null。如以上代码，如果进行插入操作，比如插入值为"test value"，则会提示"原本的值为：null。现在改为：test value"。

5.1.3　永久本地存储对象 localStorage

在最新的 JavaScript 的 API 中增加了 localStorage 对象，可以使用户浏览器存储永久的 Web 端的数据，而且存储的数据不会随着 Http 请求发送到后台服务器。存储数据的大小可以不用过多考虑，因为在 HTML5 标准中要求浏览器至少要支持 4MB 以上，所以，这完全是颠覆了 Cookie 只有 4KB 的限制，为 Web 应用在本地存储复杂的用户痕迹数据提供非常方便的技术支持。接下来，我们看一个例子，方便我们理解本地存储。

例 5-1　将关键字和对应的值保存到本地，要求：

➢ 关闭浏览器重新打开页面依然能看到保存的数据。

➢ 打开多个相同页面，当对数据进行操作时，其他页面同步进行刷新。

localStrage 实现本地存储的代码如下：

```
<!DOCTYPE html>
<html lang="en">
<head>
    <meta charset="UTF-8">
```

```
<title>localStorage 使用实例</title>
<script>
    window.onload = loadData;
    window.addEventListener("storage", loadData);
    function loadData(){
        var showDiv = document.getElementById("showDiv");
        var myTable = document.createElement("table");
        var itLength = localStorage.length;
        if(itLength < 1){
            showDiv.innerHTML = "您还未添加任何数据！";
            return;
        }
        myTable.innerHTML = "<tr><th>关键字</th><th>值</th></tr>";
        for(var i=0;i<itLength;i++){
            var skey = localStorage.key(i);
            var sValue = localStorage.getItem(skey);
            myTable.innerHTML +=
                "<tr><td>"+skey+"</td><td>"+sValue+"</td></tr>";
        }
        myTable.border = "1px";
        myTable.width = "200px";
        showDiv.innerHTML = "";
        showDiv.appendChild(myTable);
    }
    function setLocalStorage(){
        var sKey = document.getElementById("iptKey").value;
        var sValue = document.getElementById("iptValue").value;
        if(sKey === "" || sValue === ""){
            return;
        }
        document.getElementById("iptKey").value = "";
        document.getElementById("iptValue").value = "";
        localStorage.setItem(sKey,sValue);
```

```
                loadData();
            }
        function delLocalStorage() {
                var sKey = document.getElementById("iptKey").value;
                localStorage.removeItem(sKey);
                document.getElementById("iptKey").value = "";
                document.getElementById("iptValue").value = "";
                loadData();
            }
        function clearLocalStorage() {
                localStorage.clear();
                loadData();
            }
    </script>
</head>
<body>
<div id="setDiv">
    <table>
        <tr>
            <td>关键字：</td>
            <td><input id="iptKey" type="text"/></td>
        </tr>
        <tr>
            <td>对应的值：</td>
            <td><input id="iptValue" type="text"/></td>
        </tr>
        <tr>
            <td colspan="2">
                <input type="button" value="保存数据" onclick="setLocalStorage()"/>
                <input type="button" value="删除数据" onclick="delLocalStorage()"/>
                <input type="button" value="清空数据" onclick="clearLocalStorage()"/>
            </td>
        </tr>
```

```
    </table>
</div>
<div id="showDiv">
您还未添加任何数据！
</div>
</body>
</html>
```

　　以上代码实现了本地 localStorage 存储数据，可以输入关键字和值进行保存(将数据存储到本地)，也可以输入关键字进行删除对应本地数据操作，还能点击清空按钮清空所有本地数据。这些数据保存在本地，就算关闭浏览器重新打开网页也不会使数据丢失。另外，通过监听 localStorage 的变化，可以实现多页面同步更新。为方便查看，我们打开两个页面，只操作左边页面来进行对比查看，实际效果如图 5-1～图 5-3 所示。

图 5-1　页面第一次打开时效果

图 5-2　输入一些数据后的效果

图 5-3　关闭页面重新打开后的效果

　　其他按钮功能类似，此处不再进行截图说明。接下来，我们对 JavaScript 代码进行分析。

　　第一步：创建 localStorage 数据添加函数。先通过 getElementById()获取到用户输入的键和值，再判断用户是否有输入(因为空值也能作为键和值存入 localStorage 中)，如果存在内容，则使用 setItem()方法将数据存入 localStorage 中，并清空输入框中已输入的内容，最后调用加载数据函数，更新表格显示。其代码如下：

```
function setLocalStorage(){
var sKey = document.getElementById("iptKey").value;
    var sValue = document.getElementById("iptValue").value;
    if(sKey === "" || sValue === ""){
        return;
    }
    document.getElementById("iptKey").value = "";
    document.getElementById("iptValue").value = "";
    localStorage.setItem(sKey,sValue);
    loadData();
}
```

　　第二步：创建 localStorage 数据删除函数。先通过 getElementById()获取到用户输入的键，再使用 removeItem()方法可以直接删除对应的数据，最后清空输入框重新加载数据。其代码如下：

```
function delLocalStorage() {
    var sKey = document.getElementById("iptKey").value;
    localStorage.removeItem(sKey);
```

```
        document.getElementById("iptKey").value = "";
        document.getElementById("iptValue").value = "";
        loadData();
    }
```

第三步：创建 localStorage 清空数据函数。此时只需要使用 clear()方法直接清空数据再刷新表格即可。其代码如下：

```
function clearLocalStorage() {
    localStorage.clear();
    loadData();
}
```

第四步：有了数据以后，接着就是如何将数据显示到页面上。首先获取页面用于显示数据的 div 元素，再创建一个 table 元素，判断 localStorage 中的内容，如果没有内容，则在页面中显示没有数据；如果有数据，则添加表头行，遍历 localStorage。然后通过 key()方法取出键，再通过 getItem()方法用取出的键获取键对应的值，添加到表格的行中；最后设置表格 CSS 样式，清空 div 中原本的数据，将表格显示在 div 中。此处，直接使用 innerHTML 属性将行附加到表格中。其代码如下：

```
function loadData(){
    var showDiv = document.getElementById("showDiv");
    var myTable = document.createElement("table");
    var itLength = localStorage.length;
    if(itLength < 1){
        showDiv.innerHTML = "您还未添加任何数据！";
        return;
    }
    myTable.innerHTML = "<tr><th>关键字</th><th>值</th></tr>";
    for(var i=0;i<itLength;i++){
        var skey = localStorage.key(i);
        var sValue = localStorage.getItem(skey);
        myTable.innerHTML +=        "<tr><td>"+skey+"</td><td>"+sValue+"</td></tr>";
    }
    myTable.border = "1px";
```

```
    myTable.width = "200px";
    showDiv.innerHTML = "";
    showDiv.appendChild(myTable);
}
```

第五步：添加 window.onload 事件，绑定显示内容方法，在页面打开时加载 localStorage 中的数据；添加事件监听，localStorage 有变化时重新加载数据。其代码如下：

```
        window.onload = loadData;
        window.addEventListener("storage", loadData);
```

5.1.4　会话存储对象 sessionStorage

sessionStorage 的使用方法与 localStorage 相似，此处不再赘述，大家可以参考 5.1.3 内容自行测试。sessionStorage 与 localStorage 的区别在于，sessionStorage 用于临时保存同一窗口(或标签页)的数据，在关闭窗口或标签页之后保存的数据将会被删除，类似 session。但其与 session 又有本质的区别：session 对象存在于服务器，占用服务器资源，有过期时间限制，安全级别高；sessionStorage 对象保存在客户端，只要用户不关闭页面就不会过期，但是可以被某些工具查看或修改其中的内容，安全级别低。

另外，sessionStorage 没有 localStorage 的监听事件。它的作用范围只有本页面和以本页面展开的子页面。

5.2　Web SQL Database

Web SQL Database，是随着 HTML5 规范加入的在浏览器端运行的轻量级数据库。在 HTML4 中，数据库只能放在服务器端，只能通过服务器来访问数据库；但是在 HTML5 中，内置了一个可以通过 SQL 语言来访问的数据库，可以就像访问本地文件那样轻松地对内置的数据库进行直接访问。现在，像这种不需要存储在服务器上的、被称为"SQLite"的文件型 SQL 数据库已经得到了很广泛的应用，所以 HTML5 中也采用了这种数据库来作为本地数据库。

Web SQL Database API 并不是 HTML5 规范的一部分，但是它是一个独立的规范，引入了一组使用 SQL 操作客户端数据库的 API，其中有 3 个核心的方法，通过这 3 个方法可以实现打开数据库、执行 SQL 语句和控制事务的功能，如表 5-2 所示。

表 5-2　Web SQL Database API

函数名	描　　述
openDatabase()	打开已有数据库或创建新数据库
transaction()	控制事务的提交和回滚
executeSql()	执行 SQL 语句

openDatabase()方法用于打开或创建数据库。如果数据库已存在则打开数据库，如果数据库不存在则创建一个新的数据库，语法如下：

```
openDatabase(database_name, database_version, database_displayname, database_size);
```

参数说明如下：

➢ database_name：数据库名称。

➢ database_version：版本号。

➢ database_displayname：描述文本。

➢ database_size：数据库大小。

如创建一个用户数据库，大小为 5 MB，则语法如下：

```
var uDB = openDatabase("userDB","1.'0","用户数据库",5*1024*1024);
```

transaction()方法接收一个方法作为参数，在作为参数的方法中使用 executeSql()方法执行 SQL 语句。在之前创建的数据库中创建一张 user 表，并在表中插入两条数据，代码如下：

```
uDB.transaction(function(tx){
    tx. executeSql("create table if not exists tUser(uName TEXT,uTel TEXT)");
    tx. executeSql("insert into tUser values("张三","13600000000")");
    tx. executeSql("insert into tUser values(?,?)",["李四","13700000000"]);
});
```

实例中的 "李四" 和 "13700000000" 是外部变量(外部变量需要使用方括"[]"号包裹)，executeSql 会映射数组参数中的每个条目给 "?"。

从数据库中将已存在的数据取出并显示在页面上，代码如下：

```
db.transaction(function (tx) {
tx.executeSql("select * from tUser", [], function (tx, results) {
```

```
        var len = results.rows.length;
        var msg = "<p>查询记录条数: " + len + "</p>";
        document.querySelector("body").innerHTML = msg;
        for (var i = 0; i < len; i++){
            var dataRow = results.rows.item(i)
            msg = "<p>用户名：" + dataRow.uName + "；电话号码：" + dataRow.uTel + "</p>";
            document.querySelector("body").innerHTML += msg;
        }
}, null);
});
```

上面的实例代码组合起来即可完成一个页面实例。其代码如下：

```
<!DOCTYPE html>
<html lang="en">
<head>
    <meta charset="UTF-8">
    <title>WebSQLDatabase 使用实例.html</title>
    <script>
        window.onload = function(){
        //打开或创建数据库 userDB
        var db = openDatabase("userDB","1.0","用户数据库",5*1024*1024);
        db.transaction(function(tx){
            //如果数据表 tUser 不存在则创建
            tx. executeSql("create table if not exists tUser(uName TEXT,uTel TEXT)");
            //清除表中数据，防止刷新页面后插入重复数据
            tx.executeSql("delete from tUser");
            tx. executeSql("insert into tUser values("张三","13600000000")");
            tx. executeSql("insert into tUser values(?,?)",["李四","13700000000"]);
        });
        db.transaction(function (tx) {
            //查询 tUser 表中的所有数据并显示在页面上
            tx.executeSql("select * from tUser", [], function (tx, results) {
                var len = results.rows.length;
```

```
                var msg = "<p>查询记录条数: " + len + "</p>";
                document.querySelector("body").innerHTML = msg;
                for (var i = 0; i < len; i++){
                    var dataRow = results.rows.item(i);
                    msg = "<p>用户名：" + dataRow.uName +
                            "；电话号码：" + dataRow.uTel + "</p>";
                    document.querySelector("body").innerHTML += msg;
                }
            }, null);
        });
        }
    </script>
</head>
<body>
</body>
</html>
```

　　打开页面，可以看到页面中显示了从数据库中查询出来的两条数据；同时打开 Chrome 开发者工具，在 Application – Web SQL – userDB – tUser 中可以看到我们使用代码插入的数据。页面显示效果如图 5-4 所示。

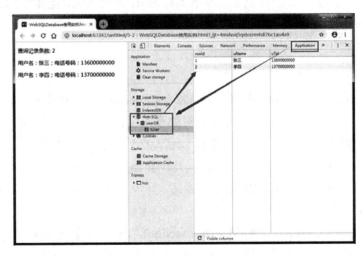

图 5-4　页面显示效果

Web SQL Database 规范页面有着这样的声明：

> This document was on the W3C Recommendation track but specification work has stopped. The specification reached an impasse: all interested implementors have used the same SQL backend (SQLite), but we need multiple independent implementations to proceed along a standardisation path.

大概意思是这个文档曾经在 W3C 推荐规范上，但规范工作已经停止了。现在陷入了一个僵局：目前的所有实现都是基于同一个 SQL 后端(SQLite)，但是我们需要更多的独立实现来完成标准化。

在 W3C 中，Web SQL Database 被列为了停滞状态，由于标准认定直接执行 SQL 语句是不可取的，现在的 W3C 力推的本地数据库是 IndexedDB，我们也建议使用 IndexedDB 数据库，而不要使用 Web SQL Database 数据库。因此，本节我们只对 Web SQL Database 进行基本的介绍，便于我们与其他的本地存储手段做比较。

5.3 IndexedDB

实际上 Web SQL Database 已经被废弃，而 HTML5 支持的本地数据库变成了 IndexedDB，这是浏览器提供的一种最新标准的本地数据库，它可以被网页脚本创建和操作。IndexedDB 允许储存大量数据，提供查找接口，还能建立索引。就数据库类型而言，IndexedDB 不属于关系型数据库，即不支持 SQL 查询语句，更接近 NoSQL 数据库。

5.3.1 IndexedDB 的特点

IndexedDB 具有以下特点：

➢ 键值对储存。IndexedDB 内部采用对象仓库(object store)存放数据。所有类型的数据都可以直接存入，包括 JavaScript 对象。对象仓库中，数据以"键值对"的形式保存，每一个数据记录都有对应的主键，主键是独一无二的，不能有重复，否则会抛出一个错误。

➢ 异步读写。IndexedDB 操作时不会锁死浏览器，用户依然可以进行其他操作，这与 localStorage 形成对比，后者的操作是同步的。异步设计是为了防止大量数据的读写而拖慢网页的表现。

➢ 支持事务。IndexedDB 支持事务(transaction)，这意味着一系列操作步骤之中，只要有一步失败，整个事务就都取消，数据库回滚到事务发生之前的状态，不存在只改写一部分数据的情况。

➢ 同源限制。IndexedDB 受到同源限制，每一个数据库对应创建它的域名。网页只能访问自身域名下的数据库，而不能访问跨域的数据库。

➢ 储存空间大。IndexedDB 的储存空间比 LOCAlStorage 大得多，一般来说不少于250MB，甚至没有上限。

➢ 支持二进制储存。IndexedDB 不仅可以储存字符串，还可以储存二进制数据(ArrayBuffer 对象和 Blob 对象)。

5.3.2　兼容检测

Internet Explorer(IE) 10+、Firefox、Opera、Chrome 以及 Safari 都支持 IndexedDB 数据库，IE9 以及更早的版本不支持 IndexedDB 数据库，如果不考虑 IE 的情况下可以放心使用。同时，我们可以使用下面的代码检测浏览器是否支持 IndexedDB 数据库。

```
function isSupportIndexedDB(){
    var indexedDB = indexedDB || webkitIndexedDB || mozIndexedDB || null;
    if(indexedDB){
        return true;
    }else{
        return false;
    }
}
```

5.3.3　IndexedDB API

IndexedDB 是一个比较复杂的 API，涉及不少概念，它把不同的实体抽象成一个个对象接口。学习这个 API，就是学习它的各种对象接口。IndexedDB API 对象如表 5-3 所示。

表 5-3　IndexedDB API 对象

类型	对象名称	描　　　述
数据库	IDBDatabase	数据库是一系列相关数据的容器。每个域名(严格地说，是协议+域名+端口)都可以新建任意多个数据库。IndexedDB 数据库有版本的概念。同一个时刻，只能有一个版本的数据库存在。如果要修改数据库结构(新增或删除表、索引或者主键)，只能通过升级数据库版本来完成

续表

类型	对象名称	描　述
对象仓库	IDBObjectStore	每个数据库包含若干个对象仓库(object store)，它类似于关系型数据库的表格
索引	IDBIndex	为了加速数据的检索，可以在对象仓库里面，为不同的属性建立索引
事务	IDBTransaction	数据记录的读写和删改都要通过事务完成。事务对象提供 error、abort 和 complete 三个事件，用来监听操作结果
操作请求	IDBRequest	提供到数据库异步请求结果和数据库的访问。这也是在调用一个异步方法时所得到的
指针	IDBCursor	表示用于遍历或迭代数据库中多个记录的光标，它类似于 sql-server 数据库的游标
主键集合	IDBKeyRange	表示某个用于键的数据类型上的连续间隔。可以使用键或一系列键从 IDBObjectStore 和 IDBindex 对象中检索记录。可以使用下限和上限来限制范围

　　详细的各个对象的 API 非常复杂，接下来我们只介绍 IndexedDB 数据库的一般操作流程，用于快速上手。详细介绍可参考 MDN 帮助文档：https://developer.mozilla.org/zh-CN/docs/Web/API/IndexedDB_API。

5.3.4　IndexedDB 数据库基本操作流程

1. 打开数据库

　　使用 IndexedDB 的第一步是打开数据库，使用 indexedDB.open(databaseName, version) 方法。这个方法接收两个参数：第一个参数是数据库名，如果指定的数据库不存在，则会新建数据库。第二个参数是整数，表示数据库的版本，如果省略，打开已有数据库时，默认为当前版本；新建数据库时，默认为 1。此方法返回一个 IDBRequest 对象。这个对象通过 3 种事件 error、success 和 upgradeneeded，处理打开数据库的操作结果。

　　➤ error 事件：表示打开数据库失败。

　　➤ success 事件：表示成功打开数据库。此时，通过 request 对象的 result 属性拿到数据库对象。

　　➤ upgradeneeded 事件：表示数据库升级。如果指定的版本号大于数据库的实际版本号，就会发生数据库升级事件 upgradeneeded。此时，通过事件对象的 target.result 属性拿到数据库实例。

使用默认版本打开或新建数据库(不指定版本)的代码如下：

```
var db;
var request = indexedDB.open("myDB");
request.onerror = function(){
    alert("数据库打开报错！");
};
request.onsuccess = function () {
    db = request.result;
    alert("数据库打开成功");
};
```

2．新建数据库

新建数据库与打开数据库是同一个操作。如果指定的数据库不存在，就会新建。不同之处在于，后续的操作主要在 upgradeneeded 事件的监听函数里面完成，因为这时版本从无到有，所以会触发这个事件。通常，新建数据库以后，第一件事是新建对象仓库(即新建表)。

数据库新建成功以后，先判断一下名为 user 的表格是否存在，再新增一张叫做 user 的表格，主键是 id。其代码如下：

```
request.onupgradeneeded = function (event) {
    db = request.result;
    var tUser;
    if (!db.objectStoreNames.contains("user")) {
        tUser = db.createObjectStore("user", { keyPath: "id" });
    }
};
```

3．新增数据

新增数据指的是向对象仓库写入数据记录。写入数据需要新建一个事务，必须指定表格名称和操作模式("只读"或"读写")。新建事务以后，通过 IDBTransaction.objectStore(name)方法拿到 IDBObjectStore 对象，再通过表格对象的 add()方法向表格写入一条记录。

写入操作是一个异步操作，通过监听连接对象的 success 事件和 error 事件，了解是否写入成功。向 user 表中写入一条数据的代码如下：

```
function addUser() {
    var transaction = db.transaction(["user"],"readwrite");
    var objectStore = transaction.objectStore("user");
    request = objectStore.add(
{ id: 1, name: "zhangsan", password: "123456", realName: "张三" });
request.onsuccess = function (event) {
        alert("数据写入成功");
    };
    request.onerror = function (event) {
        alert("数据写入失败");
    };
}
```

4. 读取数据

读取数据也是通过事务来完成。下面的代码中，objectStore.get(key)方法用于读取数据，参数是主键的值。

```
function read() {
    var transaction = db.transaction(["user"]);
    var objectStore = transaction.objectStore("user");
    var request = objectStore.get(1);
    request.onerror = function(event) {
        console.log("读取失败！");
    };
    request.onsuccess = function( event) {
        if (request.result) {
            alert("用户名: " + request.result.name);
            alert("密码: " + request.result.password);
            alert("真实姓名: " + request.result.realName);
        } else {
            alert("未获得数据记录");
```

```
        }
    };
}
```

5. 遍历数据

遍历数据表格的所有记录，要使用指针对象 IDBCursor。新建指针对象的 openCursor()
方法是一个异步操作，所以要监听 success 事件。其代码如下：

```
function readAll() {
    var objectStore = db.transaction("user").objectStore("user");
    objectStore.openCursor().onsuccess = function (event) {
        var cursor = event.target.result;
        if (cursor) {
            alert("Id: " + cursor.key);
            alert("用户名: " + cursor.value.name);
            alert("密码: " + cursor.value.password);
            alert("真实姓名: " + cursor.value.realName);
            cursor.continue();
        } else {
            alert("没有更多数据了！");
        }
    };
}
```

6. 更新数据

更新数据要使用 IDBObject.put()方法。下面的代码在写法上进行了简写，这种通过
链式写法直接得到想要的结果，省略了创建中间变量的过程。作用是将主键为 1 的记录
进行了更新。

```
function update() {
    var request = db.transaction(["user"], "readwrite")
        .objectStore("user")
        .put({ id: 1, name: "lisi", password: "888888", realName: "李四" });
    request.onsuccess = function (event) {
```

```
        alert("数据更新成功");
    };
    request.onerror = function (event) {
        console.log("数据更新失败");
    }
}
```

7. 删除数据

IDBObjectStore.delete(key)方法用于删除记录。下面的代码将主键为 1 的记录删除了。

```
function remove() {
    var request = db.transaction(["user"], "readwrite")
        .objectStore("user")
        .delete(1);
    request.onsuccess = function (event) {
        alert("数据删除成功");
    };
    request.onerror = function (event) {
        alert("数据删除失败");
    }
}
```

8. 创建索引

当需要使用其他属性(非主键)获取数据时，就要预先创建索引，然后使用索引获取数据。下面的代码对 name 字段建立了索引，一般是在创建表格的时候进行。

```
objectStore.createIndex("name", "name", { unique: false });
```

第一个参数是索引名字，第二个参数是索引的属性的名字，第三个是一个 options 对象。一般是指定 unique，设置索引是否唯一。接下来，我们可以通过索引搜索数据。其代码如下：

```
var transaction = db.transaction(["user"], "readonly");
var store = transaction.objectStore("user");
var index = store.index("name");
var request = index.get("李四");
```

```
request.onsuccess = function (e) {
    var result = e.target.result;
    if (result) {
        alert("数据查找成功");
    } else {
        alert("数据查找失败");
    }
}
```

5.3.5　综合实例

例 5-2　页面效果如图 5-5 所示，实现以下功能：

(1) 输入信息后，点击添加用户可将用户信息添加到数据库。

(2) 点击删除按钮可删除该用户。

(3) 添加、删除用户后实时更新表格。

图 5-5　例 5-2 页面效果

实现 IndexedDB 数据库增、删、改、查的代码如下：

```
<!DOCTYPE html>
<html lang="en">
<head>
    <meta charset="UTF-8">
```

```
    <title>IndexedDB 使用实例</title>
    <style>
        table{
            border:1px black solid;
            border-collapse: collapse;
            margin:20px;
        }
        td,th{
            border:1px black solid;
            width:100px;
            text-align:center;
        }
    </style>
    <script>
var db;
var request = indexedDB.open("myDB");
request.onerror = function(){
    alert("数据库打开报错！");
};
//打开数据库会触发成功操作，这时加载所有数据到页面
request.onsuccess = function () {
    db = request.result;
    readAll();
};
//新建数据库会触发数据库升级操作，这时创建表格
request.onupgradeneeded = function (event) {
    db = request.result;
    var objectStore;
    if (!db.objectStoreNames.contains("user")) {
        objectStore = db.createObjectStore("user", { keyPath: "id",autoIncrement: true });
    }
};
function addUser() {
```

```
//创建一个事务
var transaction = db.transaction(["user"],"readwrite");
//使用事务打开仓库(表格)
var objectStore = transaction.objectStore("user");
//创建一个对象
var u = {
    name: document.getElementById("username").value,
    password: document.getElementById("password").value,
    realName: document.getElementById("realname").value
};
//在仓库中添加对象
request = objectStore.add(u);
request.onsuccess = function (event) {
            //添加成功后重新加载数据并清空输入框
    readAll(event);
    document.getElementById("username").value = "";
    document.getElementById("password").value = "";
    document.getElementById("realname").value = "";
};
request.onerror = function (event) {
    alert("数据写入失败");
};
}
function readAll() {
    //获取用于显示的 table
    var stab = document.getElementById("showTable");
    //清空 table 所有数据行。注意：应该从最后一行开始删，不要删掉标题行
    for(var i=stab.rows.length-1;i>0;i--){
        stab.deleteRow(i);
    }
    //获取 user 表
    var objectStore = db.transaction("user").objectStore("user");
    //打开游标成功则开始遍历数据，加载到表格中
```

```
objectStore.openCursor().onsuccess = function (event) {
    var cursor = event.target.result;
    if (cursor) {
        //创建行
        var newTr = stab.insertRow();
        //创建行中的单元格
        var td0 = newTr.insertCell();
        var td1 = newTr.insertCell();
        var td2 = newTr.insertCell();
        var td3 = newTr.insertCell();
        var td4 = newTr.insertCell();
        //为行中的单元格插入数据
        td0.innerText = cursor.key;
        td1.innerText = cursor.value.name;
        td2.innerText = cursor.value.password;
        td3.innerText = cursor.value.realName;
        td4.innerHTML = "<button onclick='removeuser(" + cursor.key + ")'>删除</button>";
        //进入下一行数据
        cursor.continue();
    }
};
}
function removeuser(key) {
    //用链式写法直接通过主键删除数据
    var request = db.transaction(["user"], "readwrite")
        .objectStore("user")
        .delete(key);
    request.onsuccess = function (event) {
        //删除成功重新加载表格
        readAll();
    };
    request.onerror = function (event) {
        alert("数据删除失败");
```

```
            }
        }
        </script>
</head>
<body>
    <div>
        <table>
            <tr>
                <td>用户名：</td>
                <td><input id="username" type="text"></td>
            </tr>
            <tr>
                <td>密码：</td>
                <td><input id="password" type="password"></td>
            </tr>
            <tr>
                <td>真实姓名：</td>
                <td><input id="realname" type="text"></td>
            </tr>
            <tr>
                <td colspan="2">
                    <button onclick="addUser();">添加用户</button>
                </td>
            </tr>
        </table>
    </div>
<div id="showDiv">
    <table id="showTable">
        <tr>
            <th>ID</th>
            <th>用户名</th>
            <th>密码</th>
            <th>真实姓名</th>
```

```
            <th>操作</th>
        </tr>
    </table>
</div>
</body>
</html>
```

第 6 章　Web Workers 多线程

JavaScript 是采用单线程进行执行的，也就是说，所有任务只能在一个线程上完成，在同一时间只能做一件事，前面的任务没做完，后面的任务只能等着。如下面的代码：

```
<!DOCTYPE html>
<html lang="en">
<head>
    <meta charset="UTF-8">
    <title>javascript 阻塞实例</title>
    <script>
        window.onload = function () {
            var i = 1;
            while(true){
                i++;
                if(i%1000000 === 0){
                    document.getElementById("show").innerText = i;
                }
            }
        }
    </script>
</head>
<body>
    <p id="show"></p>
    <input type="text">
</body>
</html>
```

在打开页面后，会出现阻塞，显示不出页面内容。为了应对 JavaScript 这一弊端，Web Workers 应运而生。

6.1　Web Workers 简介

Web Workers 的作用就是为 JavaScript 创造多线程环境，允许主线程创建 Worker 线程，将一些任务分配给后者运行。在主线程运行的同时，Worker 线程在后台运行，两者互不干扰。等到 Worker 线程完成计算任务，再把结果返回给主线程。这样的好处是，一些计算密集型或高延迟的任务被 Worker 线程承担了，主线程(通常负责 UI 交互)就会很流畅，不会被阻塞或拖慢。

Worker 线程一旦新建成功，就会始终运行，不会被主线程上的活动(比如用户点击按钮、提交表单)打断，这样有利于随时响应主线程的通信。但是，这也造成了 Worker 比较耗费资源，因此 Worker 不应该过度使用，而且一旦使用完毕，就应该关闭。

另外，Worker 运行在另一个全局上下文中，不同于当前的 window，线程所在的全局对象与主线程不一样，因此无法读取主线程所在网页的 DOM 对象，也无法使用 document、window、parent 这些对象，不能执行 alert()方法和 confirm()方法。

6.2　浏览器支持检测

目前为止，除了 Internet Explorer 9(IE9)及更早的版本外，所有主流浏览器均支持 Web Workers。我们可以通过以下代码检测浏览器是否支持 Web Workers。

```
function isSupportWebWorker(){
    if(!!window.Worker){
        alert("支持 Web Workers");
    }
    else{
        alert("不支持 Web Workers");
    }
}
```

6.3　Web Workers 分类

Web Workers 可分为两种类型：专用线程 Dedicated Web Workers 和共享线程 Shared

Web Workers。Dedicated Web Workers 随当前页面的关闭而结束，只能被创建它的页面访问。与之相对应的 Shared Web Workers 可以被多个页面访问。在 JavaScript 代码中，"Work"类型代表 Dedicated Web Workers，而 "Shared Workers" 类型代表 Shared Web Workers。

在绝大多数情况下，使用 Dedicated Web Workers 就足够了，因为一般来说在 Web Workers 中运行的代码是专为当前页面服务的。而在一些特定情况下，Web Workers 可能运行的是更为普遍性的代码，可以为多个页面服务。在这种情况下，我们会创建一个共享线程的 Shared Web Workers，它可以被与之相关联的多个页面访问，只有当所有关联的页面都关闭的时候，该 Shared Web Workers 才会结束。相对 Dedicated Web Workers，Shared Web Workers 稍微复杂些，但使用方法基本相同，下面以 Dedicated Web Workers 为例进行说明。

6.4　Web Workers API

Web Workers API 提供了一系列的属性和方法，用于创建线程和与线程通信。这些属性和方法在 Dedicated Web Workers 和 Shared Web Workers 中都能够使用。这些方法分为两个部分：一部分提供给主线程使用；另一部分提供给 Worker 线程使用。

主要的 API 如下所示：

主线程使用 Worker() 构造函数创建一个线程，返回一个 Worker 对象。对线程的操作都需要使用此返回的 Worker 对象。

表 6-1　主线程 Web Workers API

函数名	描　　述
Worker()	构造函数，供主线程生成 Worker 线程，返回一个 Worker 对象
onerror	error 事件的监听函数
onmessage	message 事件的监听函数。发送过来的数据在 Event.data 属性中
onmessageerror	messageerror 事件的监听函数。发送的数据无法序列化成字符串时，会触发这个事件
postMessage()	向 Worker 线程发送消息
terminate()	立即终止 Worker 线程

Worker 线程有自己的全局对象，不是主线程的 window，而是一个专门为 Worker

定制的全局对象，这个对象的名字为 "self"，只能在 Worker 线程中使用。而在 window 上面的对象和方法不是全部都可以使用。self 对象一些自己的全局属性和方法如表 6-2 所示。

表 6-2　Worker 线程 Web Workers API

函数名	描　　述
name	Worker 的名字。该属性为只读属性，由构造函数指定
onmessage	message 事件的监听函数
close()	关闭当前 Worker 线程
onmessageerror	messageerror 事件的监听函数。发送的数据无法序列化成字符串时，会触发这个事件
postMessage()	向产生该 Worker 的主线程发送消息
importScripts()	加载 JavaScript 脚本

6.5　Web Workers 基本用法

6.5.1　主线程

在主线程中，首先调用 Worker()构造函数，新建一个 Worker 线程。构造函数的参数是一个脚本文件(.js 文件)，该文件就是 Worker 线程所要执行的任务。由于 Worker 不能读取本地文件，所以这个脚本必须来自网络。如果下载脚本文件没有成功，Worker 启动就会失败。

新建一个线程，加载 myWork.js 脚本文件，代码如下：

```
var worker = new Worker('myWork.js');
```

Wroker 启动成功后，主线程调用 worker.postMessage()方法，向 Worker 发消息。worker.postMessage()方法的参数就是主线程传给 Worker 的数据，它可以是各种数据类型，包括二进制和 JSON 数据。

向 Worker 发送一段字符串消息，代码如下：

```
worker.postMessage('Hello World');
```

向 Worker 发送 2 个值组成的数组消息，数组的内容来自两个 input 元素，代码如下：

```
var user = document.getElementById("username");
var password = document.getElementById("password");
worker.postMessage([user.value,password.value]);
```

由于 Worker 是异步处理，因此主线程必须通过 worker.onmessage 指定监听函数，接收子线程发回来的消息及执行后续操作。事件对象 event 的 data 属性可以获取 Worker 发来的数据。

接收 Worker 发送回来的消息并显示在弹框中，代码如下：

```
worker.onmessage = function(event){
    alert(event.data);
    nextStep();
};
function nextStep(){
    …
}
```

主线程还可以监听 Worker 是否发生错误，如果发生错误，Worker 会触发主线程的 error 事件，主线程通过 worker. onerror 事件进行监听。

错误事件有以下 3 个用户关心的字段：

➢ message：错误信息。

➢ filename：发生错误的脚本文件名。

➢ lineno：发生错误时所在脚本文件的行号。

在主线程中监听 Worker 的错误信息，并弹框显示在页面上，代码如下：

```
worker.onerror(function (event) {
        alert("文件名： " + event.filename +
            "；第" + event.lineno +
            "行错误；错误信息： " + event.message);
    }
);
```

Worker 完成任务以后，主线程就可以把它关掉了。

```
worker.terminate();
```

6.5.2 Worker 线程

Worker 线程内部需要有一个监听函数，监听主线程是否有 message 被发送到 Worker，并通过 self.onmessage 事件进行监听，事件对象 event 的 data 属性可以获取发来的数据。

在 Worker 中接收主线程发送过来的数据，并进行处理，代码如下：

```
self.onmessage = function(event){
    postMessage("你发送过来的消息是：" + event.data);
};
```

注意： Worker 线程不能使用 alert()方法，只能将消息发送给主线程进行处理。

通过 self.close()可以在 Worker 内部关闭自身，代码如下：

```
self.close();
```

如果要在 Worker 内部加载其他脚本，可以使用 importScripts()方法。方法的参数是需要加载的脚本文件，可以一次加载多个脚本。

分别向 Worker 加载一个和两个脚本，代码如下：

```
importScripts('script1.js');
importScripts('script1.js', 'script2.js');
```

6.5.3 数据通信

前面已经讲过如何将数据在主线程和 Worker 之间进行传递，这些数据可以是任何类型，需要注意的是，这种通信是复制关系，即是传值而不是传址，Worker 对通信内容的修改不会影响到主线程。传递给 Worker 的对象需要经过序列化，在另一端还需要反序列化。页面与 Worker 不会共享同一个实例，最终的结果就是在每次通信结束时生成了数据的一个副本。大部分浏览器使用结构化复制来实现该特性。

将复制而并非共享的那个值称为消息。可以使用 postMessage()方法将消息从主线程传递给 Worker，或从 Worker 传递给主线程。message 事件的 data 属性包含了被传递的数据。

但是，以复制方式发送二进制数据，会造成性能问题。比如，主线程向 Worker 发送一个 500MB 文件，默认情况下浏览器会生成一个原文件的副本。为了解决这个问题，JavaScript 允许主线程把二进制数据直接转移给子线程，但是一旦转移，主线程就无法再使用这些二进制数据了，这是为了防止出现多个线程同时修改数据的情况。这种转移数据的方法，叫作 Transferable Objects。该方法使得主线程可以快速把数据交给 Worker，对于影像处理、声音处理、3D 运算等就非常方便了，不会产生性能负担。

　　如果要直接转移数据的控制权，就要使用下面的写法。

```
worker.postMessage(arrayBuffer, [arrayBuffer]);
```

　　如主线程将一个二进制文件控制权转移给 Worker，代码如下：

```
var ab = new ArrayBuffer(1);
worker.postMessage(ab, [ab]);
```

6.6　Web Workers 完整实例

　　对于前面我们提到的阻塞页面问题，可以通过 Web Workers 完美地解决。下面我们将代码修改、完善，达到想要的效果。

　　例 6-1　Web Workers 实现多线程实例。实现页面，要求如下：

➤ 页面中显示的数字不断增加。

➤ 在页面数字变化过程中页面输入框能够输入内容。

　　创建一个 JavaScript 文件，命名为 myWorker.js，代码如下：

```
var i = 0;
self.onmessage = function(event){
    var msg = event.data;
    if(msg === 'start'){
        start();
    }
};
function start() {
    while(true){
        i += 1;
        if(i%1000000 === 0){
            self.postMessage(i);
        }
    }
}
```

创建页面文件，代码如下：

```
<!DOCTYPE html>
<html lang="en">
<head>
    <meta charset = "UTF-8">
    <title>例 6-1：Web Workers 完整示例</title>
    <script>
        var worker = new Worker('js/myWork.js');
        var pra;
        window.onload = function () {
            pra = document.getElementById('show');
            worker.postMessage('start');
        };
        worker.onmessage = function (event) {
            pra.innerText = event.data;
        };
    </script>
</head>
<body>
<p id="show"></p>
<input type="text">
</body>
</html>
```

页面效果如图 6-1 所示。

图 6-1　Web Workers 实现多线程页面效果

　　上面的代码分为两个部分，即 Worker 线程使用的 JavaScript 文件和主线程的 HTML 页面文件。

　　在 JavaScript 文件中，首先定义一个变量用于计数，接下来使用 self.onmessage 监听主线程发送过来的消息，当主线程有消息发送过来时，判断消息如果是"start"，则开始执行 start()函数；函数中使用 while 无限循环对变量进行累加，当 i 为 100 万的倍数时则向主线程发送消息，将变量的值传递给主线程。注意：此处不能太过频繁向主线程发送消息，否则主线程处理不及会导致整个页面停止响应。

　　在 HTML 页面中，放入两个元素，一个 p 元素用于显示 Worker 发送过来的变量的值，另一个 input 元素用于测试页面是否阻塞。首先新建一个线程运行 Worker；再定义一个变量用于保存显示数据的 p 元素，在页面加载完成后获取 p 元素，然后向 Worker 线程发送消息，让线程开始计算；最后使用 worker.onmessage 事件监听 Worker，一旦有消息从 Worker 发送过来，则将发送过来的数据显示在 p 元素中。

第 7 章　HTML5 的离线缓存

　　HTML5 在新特性中增加了离线缓存，可以简单地理解为浏览器在第一次加载页面后将相关资源下载到本地并保存在缓存中，在没有清除缓存的前提下，下一次打开页面时，就算没有网络也可以正常显示。这个功能在网络发达的今天看似无关紧要，但是它确实是一个提升用户体验的非常重要的手段。另一方面，随着移动互联网越来越普及，在移动端采用 Web 技术解决跨平台、快速部署、快速发布的方案也越来越多。但对于以 Web 方式实现的 APP 来说，又面临着对网络的强依赖、对网速和流量有较高要求等一系列问题，而离线缓存对于这一类问题提供了非常好的解决方案。

　　离线缓存为页面带来的优势包括以下内容：

　　➢ 离线浏览。用户可在离线时正常打开被缓存的页面。

　　➢ 速度更快。已缓存资源只需本地直接打开，不用再从服务器下载，从而加载速度更快。

　　➢ 减少服务器负载。浏览器只从服务器下载更新过的资源，从而减轻服务器负担。

　　HTML5 标准中，提供了两套离线缓存方案：APPCache 和 Service Workers。这两套方案各有特点，通过以下的学习，我们可以对两种离线缓存方案有个大致的了解。

7.1　APPCache

　　APPCache 中文翻译为应用程序缓存，是 HTML5 标准中提供的一种缓存方式，具体表现为当请求某个文件时不是优先从网络获取该文件，而是先从本地获取，再对比网络中的版本进行更新(如果网络可用)。

　　APPCache 的特点是简单易用，开发者不需要过多的操作，只需列明要缓存的文件即可完成页面缓存功能。同时，它的浏览器支持情况也相对较好。

7.1.1　浏览器支持情况

除了 Internet Explorer 9(IE9)及更早的版本外，所有主流浏览器均支持 APPCache。我们可以通过以下代码检测浏览器是否支持 APPCache。

```
function isSupportAppCache(){
    if(window.applicationCache){
        alert("支持离线缓存");
    }
    else{
        alert("不支持离线缓存");
    }
}
```

7.1.2　使用 APPCache 实现页面缓存

使用 APPCache 实现页面缓存非常简单，我们只需要通过以下三步即可轻松实现。

1. 在 html 标签中添加 manifest 属性

每个指定了 manifest 属性的页面在用户对其访问时都会被缓存。如果未指定，则页面不会被缓存(除非在 manifest 文件中直接指定了该页面)。

在 manifest 属性的值中引入一个后缀名为 ".appcache" 的文件，这个文件一般放在 JavaScript 目录中，是一个 manifest 文件，其实该文件是一个纯文本文件，后缀名可自定义，但官方标准建议使用 ".appcache" 作为后缀名，它的作用是告诉浏览器哪些文件需要被缓存，哪些文件不会被缓存等。例如：

```
<!DOCTYPE html>
<html manifest="../js/demo. appcache">
    ...
</html>
```

在以前，使用 manifest 属性还必须修改服务器设定，比如在服务器 web.xml 文件中指定 MIME 类型为 "text/cache-manifest"，但是现在不需要设置服务器就能直接使用 manifest 属性了。

2. 编写 manifest 文件

manifest 文件可分为以下 3 部分：

➢ CACHE MANIFEST：在此标题下列出的文件将在首次下载后进行缓存。

➢ NETWORK：在此标题下列出的文件需要与服务器连接，且不会被缓存。

➢ FALLBACK：在此标题下列出的文件规定当页面无法访问时的回退页面(比如 404 页面)。

一个完整的 manifest 文件代码如下：

```
CACHE MANIFEST
    # 2019-02-21 v1.0.0
    /theme.css
    /logo.gif
    /main.js
NETWORK:
    login.asp
FALLBACK:
    /html5/ /404.html
```

第一行的 CACHE MANIFEST 是必需的：上面的 manifest 文件列出了 3 个资源：一个 CSS 文件、一个 gif 图片文件和一个 JavaScript 文件。当 manifest 文件加载后，浏览器会从网站的根目录下载这 3 个文件。然后，无论用户何时与因特网断开连接，这些资源依然是可用的。

NETWORK 是可选的，上面的 manifest 文件规定文件 login.asp 永远不会被缓存，且离线时是不可用的；同时可以使用"*"来指示其他所有文件离线不可用。例如：

```
NETWORK:
*
```

FALLBACK 是可选的，上面的 manifest 文件规定如果无法建立因特网连接，则用 404.html 页面替代 HTML5 目录中的所有文件。第一个 URI 是需要被替换的资源，第二个是替换的页面。

另外，以"#"开头的是注释行，但也可满足其他用途。应用的缓存会在其 manifest 文件更改时被重新缓存。比如，在服务器中编辑了一幅图片或者修改了一个 JavaScript 函数，这些修改都不会导致文件被重新缓存，我们只需要更新注释行中的日期和版本号来使浏览器重新缓存文件。

3. 更新缓存

一旦应用被缓存，它就会保持缓存直到发生下列情况：

➢ 用户清空浏览器缓存。

➢ manifest 文件被修改(如修改日期和版本号)。

➢由程序来更新应用缓存，可以使用"applicationCache.update()"方法来主动更新缓存内容。

7.1.3　APPCache API

APPCache API 提供了相关的属性、方法和事件，我们可以通过 window.application Cache 来对缓存内容进行访问，通过监控 APPCache API 事件来对缓存的过程进行简单的控制。

1. 缓存状态

applicationCache.status 属性可用于查看缓存的当前状态，返回值及说明如下：

➢ 0：未缓存。

➢ 1：空闲(缓存为最新状态)。

➢ 2：检查中。

➢ 3：下载中。

➢ 4：更新就绪。

➢ 5：缓存过期。

2. 主动更新缓存方法

applicationCache.update()方法可主动更新已缓存的文件。

3. 缓存相关的事件

APPCache API 提供的事件及其说明列举如下：

➢ updateready 事件：当有新的缓存，并更新完以后，会触发此事件。

➢ progress 事件：当有新的缓存，并处于正在下载的过程中时，会不断触发此事件。progress 事件中的 event 对象包含 loaded 和 total，loaded 代表当前已经加载完成的文件，total 为总共需要更新的文件数。

➢ checking 事件：当正在检查有没有新的缓存时，会触发此事件。

➤ downloading 事件：当正在下载文件时，会触发此事件。

➤ obsolete 事件：当缓存过期时，会触发此事件。

➤ cached 事件：当缓存为最新状态时，会触发此事件。

➤ error 事件：当缓存过程中报错时，会触发此事件。

➤ noupdate 事件：当检查更新结束，没有新的缓存需要更新时，会触发此事件。

7.1.4　其他注意事项

APPCache 虽然有着诸多优势，但也有一些设计上的缺陷。下面列出一些在开发过程中经常出现的问题，希望大家在使用的过程中注意规避。

➤ 浏览器对缓存数据的容量限制可能不太一样(某些浏览器设置的限制是每个站点 5 MB)。

➤ 如果 manifest 文件或者内部列举的某一个文件不能正常下载，整个更新过程都将失败，浏览器全部继续使用旧的缓存。

➤ 引用 manifest 的 html 必须与 manifest 文件同源，在同一个域下。

➤ FALLBACK 中的资源必须和 manifest 文件同源。

➤ 当一个资源被缓存后，该浏览器直接请求这个绝对路径也会访问缓存中的资源。

➤ 站点中的其他页面即使没有设置 manifest 属性，请求的资源如果在缓存中也从缓存中访问。

➤ 当 manifest 文件发生改变时，资源请求本身也会触发更新。

➤ 被缓存的页面如果是动态页面(如 jsp 页面)，其中的内容将不会动态地从服务器中获取。此时的解决办法一般是使用 ajax 异步来获取服务器中的数据进行替换。

7.2　Service Workers

Service Workers 是谷歌 Chrome 团队提出并大力推广的一项 Web 技术。在 2015 年，它加入到 W3C 标准，进入草案阶段，目前已经发展成熟，被各大浏览器厂商支持，进入了实际应用阶段。

Service Workers 可以理解为充当应用(页面)与服务器之间的代理服务器，可以用于拦截请求，也就意味着可以在离线环境下响应请求，从而提供更好的离线体验。同时，它还支持接收服务器推送和后台同步等功能。

相比 APPCache 的简单易用，Service Workers 的特点是功能强大，由事件驱动，可以拦截请求、缓存这些请求的响应数据等，能实现的效果更加灵活。同时，它也有一些不足，如它是基于 HTTPS 协议的，你需要把你的网站升级成 HTTPS 协议的网站才能使用它；它又是 Web Workers 中的一种，因此它不能够直接操作 DOM 对象等。

7.2.1　浏览器支持检测

目前，除了 Internet Explorer(IE)外，所有最新版主流浏览器均支持 Service Workers。我们可以通过以下代码检测浏览器是否支持 Service Workers。

```
function isSupportServiceWorker(){
    if(!!window. ServiceWorker){
        alert("支持 Service Workers");
    }
    else{
        alert("不支持 Service Workers");
    }
}
```

7.2.2　Service Workers 生命周期

Service Workers 能够提供离线缓存，这就好比已经在浏览器中安装了某个软件，无论是否有网络连接都可以随时打开使用。用户首次访问 Service Worker 控制的网站或页面时，会使用 ServiceWorkerContainer.register()方法进行注册，如果注册成功，Service Worker 就会被下载到客户端并尝试安装或激活，它能作用于整个域内用户可访问的 URL，或者其特定子集。

Service Worker 遵循如图 7-1 所示的生命周期。

➢ 注册(register)：用户首次访问 Service Worker 控制的网站或页面时，会检测 Service Worker 是否已安装，没有安装时则需要先注册，注册时需要一个专门的 Service Worker 处理文件。

➢ 下载(download)：用户首次访问 Service Worker 控制的网站或页面时，Service Worker 会立刻被下载。之后，至少每 24 小时它就会被重新下载一次。它可能会被更频繁地下载，但每 24 小时必定会被下载一次，以避免不良脚本长时间生效。

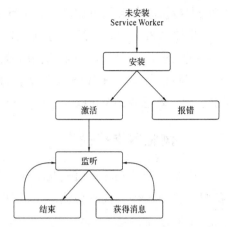

图 7-1　Service Worker 初次安装生命周期

➤ 安装(install)：注册成功后，Service Worker 会触发 install 事件进行安装。之后，每次 Service Worker 被重新下载后都会与现有的进行字节对比，如果发现有不同，则会再次触发 install 事件重新安装。

➤ 激活(activate)：安装后要等待激活，也就是 activated 事件。只要注册成功后就会触发安装，但不会立即被激活，页面会一直使用旧的 Service Worker，直到重新打开或刷新页面。

➤ 监听(idle)：在激活之后，Service Worker 就开始对浏览器发起的请求进行拦截处理，所有页面的请求都会转变为 fetch 事件被 Service Worker 捕获。

➤ 结束(terminate)：这一步是浏览器自身的判断处理。当 Service Worker 长时间没有被使用时，浏览器会把该 Service Worker 暂停，直到再次被使用。如果浏览器中的 Service Worker 达到上限，则会销毁被暂停的 Service Worker。

7.2.3　Service Workers 基本用法

和其他 Worker 一样，Service Worker 有一个独自的文件。由于之前所提到的 Service Worker 只能作用在自己存放位置之下的文件，因此，一般在应用根目录下存放 Service Worker 文件。

1. 注册 Service Worker

之前提到过，注册 Service Worker 时需要一个专门的处理文件，在这个处理文件中的第一块代码应该是我们使用 Service Worker 的入口。代码如下：

```
if (isSupportServiceWorker()) {
    navigator.serviceWorker.register('/serviceWorker.js').then(function(reg) {        // 注册成功后打印
        console.log('注册成功。');
    }).catch(function(error) {
        // 注册失败后打印
```

```
        console.log('注册失败。原因： ' + error);
    });
}
```

首先，我们使用之前提供的特性检测代码来判断浏览器是否支持 Service Workers，以便在注册之前确保浏览器对 Service Workers 是支持的。

接着，我们使用 ServiceWorkerContainer.register()函数来注册站点的 Service Worker，它是一个驻留在我们网站内的 JavaScript 文件。

然后，.then() 函数链式调用我们的 promise，当出现 promise resolve 的时候，里面的代码就会被执行。

最后，我们链接了一个.catch()函数，当出现 promise rejected 时才会执行。

这样就注册了一个 Service Worker，它工作在 Worker Context 中，所以没有访问 DOM 的权限。在正常的页面之外，运行 Service Worker 的代码来控制它们的加载。

单个 Service Worker 可以控制很多页面，需要小心 Service Worker 脚本里的全局变量，每个页面不会有自己独有的 Worker。

2. 安装和激活

在 Service Worker 注册之后，浏览器会尝试安装并激活它。其代码如下：

```
this.addEventListener('install', function(event) {
    console.log('安装成功。')
});
```

这里，新增一个 install 事件监听器，在 Service Worker 安装完成后可以做一些前期的设置，此处只是对我们的操作阶段进行提示。

在第一次安装成功完成之后，Service Worker 就会激活，但是当 Service Worker 更新的时候，就不会马上被激活(前面提到过，需要重新打开或刷新页面后才会被激活)。

3. 自定义请求的响应

现在，站点资源已经被缓存了，我们需要告诉 Service Worker 让它用这些缓存内容来做点什么。有了 fetch 事件，这就很容易做到。

可以给 Service Worker 添加一个 fetch 的事件监听器，接着调用 event 上的 respondWith()方法来拦截 HTTP 响应，然后用自己的程序来更新它们。其代码如下：

```
this.addEventListener('fetch', function(event) {
    event.respondWith(
```

```
        // 响应代码
    );
});
```

也可以使用 caches.match(event.request)对网络请求的资源和 cache 里可获取的资源进行匹配，查看缓存中是否有相应的资源。这个匹配通过 URL 和 vary header 进行，就像正常的 HTTP 请求一样。其代码如下：

```
this.addEventListener('fetch', function(event) {
    event.respondWith(
        caches.match(event.request)
    );
});
```

4．恢复失败的请求

在 Service Worker cache 里有匹配的资源时，caches.match(event.request)能够对资源进行匹配，但是如果没有匹配资源时，可以使用下面的方法。

```
self.addEventListener('fetch', function(event) {
    event.respondWith(
        caches.match(event.request).then(function(response) {
            return response || fetch(event.request);
        })  );
});
```

如果出现 promise reject，catch()函数会执行默认的网络请求，意味着在网络可用的时候可以直接向服务器请求资源。

5．更新 Service Worker

如果 Service Worker 已经被安装，但是刷新页面时有一个新版本可用，则新版的 Service Worker 会在后台安装，但是还没激活。通过下面的方法可以实现，当不再有任何已加载的页面在使用旧版的 Service Worker 的时候，新版本才会激活。

```
self.addEventListener('install', function(event) {
    event.waitUntil(
        caches.open('v2').then(function(cache) {
            return cache.addAll([
```

```
                //所有新版本 Service Worker 包含的文件
            ]);
        })
    );
});
```

当安装发生的时候，前一个版本依然在响应请求，新的版本正在后台安装，我们调用了一个新的缓存 v2，所以前一个版本的缓存不会被扰乱。

当没有页面在使用当前的版本的时候，这个新的 Service Worker 就会激活并开始响应请求。

6. 删除旧缓存

每个浏览器都对 Service Worker 可以使用的缓存空间有硬性的限制，虽然浏览器会尽力管理这个缓存空间，但它也可能会删除整个域的缓存，使我们无法对其进行精确控制，因此，我们不能无限制地安装 Service Worker。这时，删除旧的缓存就显得尤为重要了。浏览器通常会删除域下面所有的数据。

传给 waitUntil() 的 promise 会阻塞其他的事件，直到它完成。所以，我们可以确保清理操作会在第一次 fetch 事件之前完成。

```
self.addEventListener('activate', function(event) {
    var cacheWhitelist = ['v2'];
    event.waitUntil(
        caches.keys().then(function(keyList) {
            return Promise.all(keyList.map(function(key) {
                if (cacheWhitelist.indexOf(key) === -1) {
                    return caches.delete(key);    }
            }));
        })
    );
});
```

Service Workers 内容较多，本节我们只展示了它最基本的使用方法，这些内容已经能够基本满足让我们创建一个简单的离线应用。如果需要更多 Service Workers 的说明，可以参考 MDN 官方 API 文档：https://developer.mozilla.org/zh-CN/docs/Web/API/ Service_Worker_API。

第 8 章　CSS3 边框变换

在基础教程中，我们学习过 CSS 的框模型，可以设置边框的宽度、颜色和样式。在本章内容中，我们将学习边框更多更华丽的变换，具体包括：

> ➤ border-radius：圆角边框。
> ➤ box-shadow：盒子阴影。
> ➤ border-image：图片边框。

8.1　浏览器支持情况

目前，所有浏览器都支持边框变换属性，而 IE10 及之前的版本不支持 border-image 属性，同时 border-image 属性在 Safari 和 Opera 浏览器中的表现也不尽如人意。因为设置 border-image 属性后，会覆盖 border-style 属性。

主流浏览器对边框变换属性支持情况如表 8-1 所示。

表 8-1　主流浏览器对边框变换属性支持情况

	IE 9	Firefox	Opera	Chrome	Safari
border-radius	√	√	√	√	√
box-shadow	√	√	√	√	√
border-image		√	√	√	√

8.2　圆角边框

在 CSS2 以前的时代要制作出圆角边框是比较复杂的，需要为四个角指定不同的图片。但在 CSS3 中，创建圆角边框是非常容易的，只需要使用一条 CSS3 新增的属性 border-radius 即可。如以下代码可以创建一个圆角边框：

```
<!DOCTYPE html>
<html lang="en">
<head>
    <meta charset="UTF-8">
    <title>CSS 圆角边框</title>
    <style>
        .radius{
            width: 200px;
            height:50px;
            border: 1px black solid;
            border-radius: 25px;
            text-align: center;
            line-height: 50px;
            background-color: #cccccc;
        }
    </style>
</head>
<body>
    <div class="radius">
        圆角边框
    </div>
</body>
</html>
```

页面显示效果如图 8-1 所示。

图 8-1　CSS 圆角边框页面效果

以上代码中，设置圆角边框的关键属性为：

```
border-radius: 25px;
```

border-radius 属性是一个简写属性，用于设置以下 4 个 border-*-radius 属性：

➤ border-top-left-radius：设置左上角圆角属性。

➤ border-top-right-radius：设置右上角圆角属性。

➤ border-bottom-right-radius：设置右下角圆角属性。

➤ border-bottom-left-radius：设置左下角圆角属性。

border-radius 属性的值收两种类型：

➤ 长度单位：长度单位最大值为 width 和 height 两个属性中较小那个的一半，如果超出则显示最大值效果。

➤ 百分比：最大值为 50%，如果 width 和 height 两个值不同，则圆角会不对称。

border-radius 属性基本语法如下：

```
border-radius: 1-4 length|% [/ 1-4 length|%];
```

值可以接收两个部分，第二部分为可选。如果设置了两部分的值，则第一个值对应圆角横向的弧度，第二个值对应圆角纵向的弧度。使用"/"分割两个值。如以上代码将 border-radius 属性修改为：

```
border-radius: 25px/10px;
```

页面显示效果如图 8-2 所示：

图 8-2　CSS 圆角边框页面效果

每部分的值最多接收 4 个，分别依次设置 top-left、top-right、bottom-right、bottom-left。如果省略 bottom-left，则其值与 top-right 相同；如果省略 bottom-right，则其值与 top-left

相同；如果省略 top-right，则其值与 top-left 相同。如以上代码将 border-radius 属性修改为：

```
border-radius: 25px 20px 15px 10px;
```

页面显示效果如图 8-3 所示。

图 8-3　CSS 圆角边框页面效果

其等价于以下代码：

```
border-top-left-radius:25px;
border-top-right-radius:20px;
border-bottom-right-radius:15px;
border-bottom-left-radius:10px;
```

每个单独的 border-radius 属性也能接收两个值，但不需要使用 "/" 分隔。如以下代码：

```
border-radius: 25px 20px 15px 10px / 10% 20% 30% 40%;
```

其等价于以下代码：

```
border-top-left-radius:25px 10%;
border-top-right-radius:20px 20%;
border-bottom-right-radius:15px 30%;
border-bottom-left-radius:10px 40%;
```

8.3　盒子阴影

在 CSS3 中，新增了 box-shadow 属性，用于向方框添加阴影。box-shadow 属性的基本语法为：

```
box-shadow: h-shadow v-shadow [blur spread color inset];
```

该属性的值由 2 个必需值和 4 个可选值组成：

➢ h-shadow：必需值。设置阴影的水平位置，值为长度单位，正值为向左偏移，负值为向右偏移。

➢ v-shadow：必需值。设置阴影的垂直位置，值为长度单位，正值为向下偏移，负值为向上偏移。

➢ blur：可选值。设置模糊距离，值为长度单位，默认为 0，不模糊。

➢ spread：可选值。设置阴影的尺寸，默认尺寸为 0，阴影与盒子等大。

➢ color：可选值。设置阴影的颜色，默认为黑色。

➢ inset：可选值。默认为阴影在外部，设置此值，则阴影出现在内部。

创建一个盒子阴影的代码如下：

```html
<!DOCTYPE html>
<html lang="en">
<head>
    <meta charset="UTF-8">
    <title>CSS 盒子阴影</title>
    <style>
        .shadow{
            width: 200px;
            height:50px;
            border: 1px black solid;
            text-align: center;
            line-height: 50px;
            background-color: orange;
            box-shadow:10px 10px;
        }
    </style>
</head>
<body>
    <div class="shadow">
```

　　　　盒子阴影
　　</div>
</body>
</html>

页面显示效果如图 8-4 所示。

图 8-4　CSS 盒子阴影页面效果

设置盒子阴影的代码为：

box-shadow:10px 10px;

代码使用了两个必需属性，将阴影向右移动 10 像素，向下移动 10 像素。接下来，我们使用可选属性进行设置，将阴影设置代码修改为以下代码：

box-shadow:10px 10px 5px 5px #cccccc;

以上代码在原阴影的基础上，增加设置阴影模糊范围为 5px，阴影增大 5px，阴影的颜色为灰色。页面显示效果如图 8-5 所示。

图 8-5　CSS 盒子阴影页面效果

在设置的阴影在内部时，一般不设置横向和纵向位移，将上面的代码修改为以下形式：

```
box-shadow:0px 0px 5px 5px #cccccc inset;
```

页面显示效果如图 8-6 所示。

图 8-6　CSS 盒子阴影页面效果

8.4　图　片　边　框

CSS3 除了可以设置圆角边框和盒子阴影外，还能使用图片作为框模型的边框。使用 border-image 属性可以将表格的边框设置为图片。需要注意的是，此属性在 Safari 和 Opera 浏览器中会覆盖 border-style 属性。

border-image 属性是一个简写属性，用于设置以下属性：

➢ border-image-source：设置用在边框的图片的路径。

➢ border-image-slice：设置图片边框向内的偏移。

➢ border-image-width：设置图片边框的宽度。

➢ border-image-outset：设置边框图像区域超出边框的量。

➢ border-image-repeat：设置图像边框是否应平铺(repeated)、铺满(rounded)或拉伸(stretched)。默认值为拉伸。

8.4.1　border-image-source

border-image-source 用于设置 border-image 的背景图片路径，使用 url()方法调用，其

中一般使用相对路径引用图片。

8.4.2　border-image-slice

border-image-slice 用于设置图片边框向内的偏移，可以理解为图片剪裁位置，它类似于 CSS 中的 clip 属性，有 1~4 个参数，分别代表左上、右上、右下、左下四个方位的剪裁，符合 CSS 普遍的方位规则(与 margin、padding 或 border-width 一致)。同时，它接收两种类型的值：像素和百分比。如以下代码：

> border-image-slice :30% 35% 40% 30%;

它会将背景图片进行切割，距离图片上部 30%的地方，距离右边 35%，距离底部 40%，距离左边 30%的地方各剪裁一下。也就是说，对图片进行了"四刀切"，形成了九个分离的区域，这就是九宫格，是下面深入讲解 border-image 的基础。border-image-slice 切割示意图如图 8-7 所示。

图 8-7　border-image-slice
切割示意图

8.4.3　border-image-repeat

border-image-repeat 用于设置背景图片如何贴图，它有 3 个值：平铺、铺满或拉伸。这 3 个值对应的贴图方式是不同的。为了方便演示，我们设计了图 8-8 所示的背景图片。

通过裁切属性值，将边框背景图切出了"九宫格"的模型(如图 8-9 所示)，那这张背景图怎么对应地贴在边框上呢？

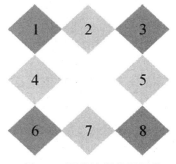

图 8-8　图片边框背景图片

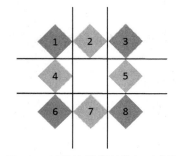

图 8-9　图片边框背景裁切示意图

如图 8-10 所示，在 border-image 中的四个边角，即 1 号、3 号、6 号、8 号位置，它们只会待在 border 的四个角上，并且水平和垂直方向均被拉伸来填充 border 的四个角；

上下区域即 2 号和 7 号位置受到第一个参数——水平方向效果影响，如果为 repeat，则此区域被水平重复(round 水平平铺，stretch 水平拉伸)来填充对应的上下 border；左右区域即 4 号和 5 号位置效果和 border-right-image 的作用相同。

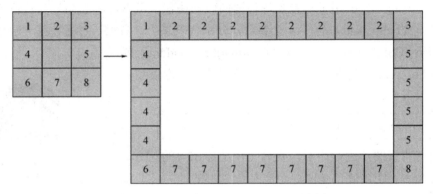

图 8-10　border-image-repeat:repeat 示意图

8.4.4　border-image-width

border-image-width 此属性默认是边框的宽度，用来限制相应区域背景图的范围，相应背景区域的图像会根据这个属性值进行缩放，然后再重复或平铺或拉伸。

8.4.5　border-image-outset

border-image-outset 用于设置原来的贴图位置向外延伸的距离，不能为负值。

8.4.6　实例

设置一个 div 元素的图片边框，背景图片使用我们上面提到的带有编号的图片，代码如下：

```
<!DOCTYPE html>
<html lang="en">
<head>
    <meta charset="UTF-8">
    <title>CSS 图片边框</title>
    <style>
        .shadow{
```

```
            width: 300px;

            height:80px;

            border: 50px black solid;

            text-align: center;

            line-height: 80px;

            border-image:url("img/borderbgimg.jpg") 33% round;

        }

    </style>

</head>

<body>

    <div class="shadow">

        图片边框

    </div>

</body>

</html>
```

页面显示效果如图 8-11 所示。

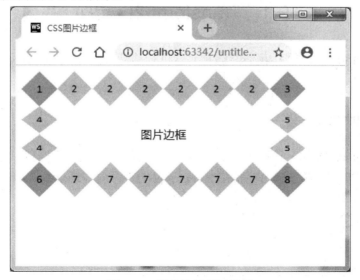

图 8-11　图片边框显示效果

第 9 章 CSS3 的变形处理

CSS3 中新增了 Transform 属性，可以对元素进行变形，即对元素进行移动、缩放转动、或倾斜等操作。Transform 变形转换可以分为 2D 和 3D 转换。

Transform 属性语法为：

transform:none | <transform-function> [<transform-function> …]

参数 none 表示不进行变换，为默认值；<transform-function>表示一个或多个变换函数，以空格分开。也就是说，Trans form 属性可以同时对一个元素进行多种不同的变换操作。

9.1 Transform 2D 转换

通过 Transform 2D 转换，我们能够对元素进行移动(translate)、缩放(scale)、转动(rotate)或倾斜(skew)等操作。

9.1.1 移动 translate()

移动 translate()分为 3 种情况：translate(x，y)表示水平方向和垂直方向同时移动(也就是 x 轴和 y 轴同时移动)；translateX(x)表示仅水平方向移动(x 轴移动)；translateY(y)表示仅垂直方向移动(y 轴移动)。具体语法如下：

transform: translate(x,y);
transform: translateX (x);
transform: translateY(y);

translate()的参数为像素，也可以是百分数。

translate()只是简单地对元素进行位移，很好理解。通过图 9-1 所示，我们能更加直观地看到它的功能。

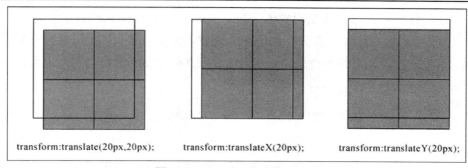

transform:translate(20px,20px);　　　transform:translateX(20px);　　　transform:translateY(20px);

图 9-1　translate()移动效果示例

需要注意的是，使用 translate()移动的元素，在正常流布局中，它所占的位置还是原本的位置，因此，被移动的元素有可能会遮挡其他元素。如以下代码：

```
<!DOCTYPE html>
<html lang="en">
<head>
    <meta charset="UTF-8">
    <title>9-1：CSS3 translate()</title>
    <style>
        *{
            font-size: 25px;
        }
        a{
            display: inline-block;
            transform: translateY(40px);
        }
    </style>
</head>
<body>
    <p>
        使用<a href="#">translate()</a>移动的元素，在正常流布局中，它所占的位置还是原本的位置，因此，被移动的元素有可能遮挡其他元素。
    </p>
</body>
</html>
```

在上面的代码中，将 a 元素设置为 inline-block，使用 translateY()方法向下移动 40 像素。可以看到，a 元素向下移动了 40 像素，但它本来的位置空了出来并没有被其他内容占据，其他内容也没有任何改变，a 元素压在了其他的文字上面。页面显示效果如图 9-2 所示。

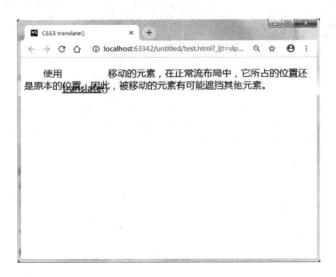

图 9-2   translate()移动效果示例

9.1.2　缩放 scale()

缩放 Scale()和移动 translate()非常相似，也有 3 种情况：scale(x，y)表示水平方向和垂直方向同时缩放；scaleX(x)表示仅水平方向缩放；scaleY(y)表示仅垂直方向缩放。具体语法如下：

```
transform: scale(x,y);
transform: scaleX(x);
transform: scaleY(y);
```

scale()的参数为数值，没有单位。缩放就是既可以缩小，也可以放大；缩放基数为 1，大于 1 放大，小于 1 缩小；也可以是负值，负值为翻转。缩放的中心点为元素的中心位置。

scale()具体使用效果如图 9-3 所示。

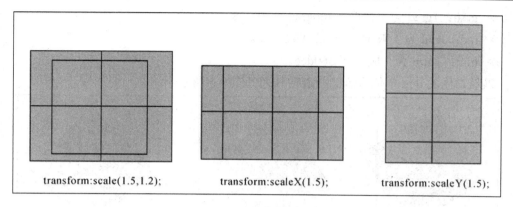

图 9-3　scale()缩放效果示例

scale()还能够对元素进行翻转，参数使用负值即可，效果如图 9-4 所示。

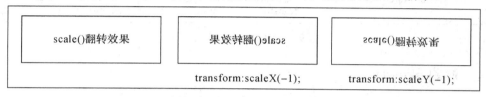

图 9-4　scale()翻转效果示例

9.1.3　转动 rotate()

rotate()方法通过指定的角度参数对元素进行 2D 旋转，需要先设置 transform-origin 属性。具体语法如下：

```
transform-origin:x y;
transform :rotate(angle);
```

transform-origin 属性定义的是旋转的基点，如果不设置，默认为以元素中心为旋转基点。此属性接收两个参数，分别设置旋转基点水平方向和垂直方向的坐标。参数可以是像素，也可以是英文 left、right、center、top、bottom，如果只设置一个，另一个默认 center。

rotate()方法的参数设置指旋转角度，单位跟随在参数值后。一般为度数，单位为"deg"，如果设置的值为正数则顺时针旋转，如果设置的值为负数则逆时针旋转。另外，还有一些其他单位可以使用：

➢ deg：1deg 为 1 度，360deg 代表一圈。

> grad：1grad 为 1 梯度，400grad 代表一圈。

> rad：1rad 为 1 弧度，2πrad 代表一圈。

> turn：1turn 为 1 圈，即 360deg。

以最常用的 deg 单位为示例，旋转效果如图 9-5 所示。

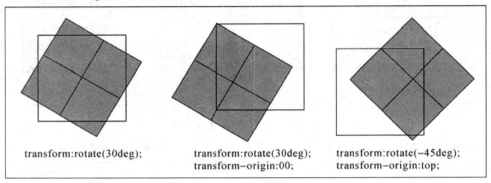

图 9-5　rotate()旋转效果示例

9.1.4　倾斜 skew()

倾斜 skew()也有 3 种情况：skew(x，y)表示水平方向和垂直方向同时倾斜；skewX(x) 表示仅水平方向倾斜；skewY(y)表示仅垂直方向倾斜。具体语法如下：

```
transform: skew(x,y);
transform: skewX(x);
transform: skewY(y);
```

skew()方法的参数也是角度，单位可使用 deg 和 rad。

以最常用的 deg 单位为示例，倾斜效果如图 9-6 所示。

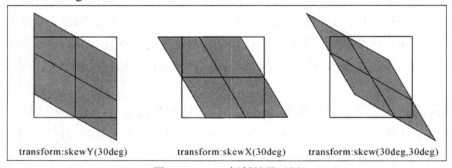

图 9-6　skew()倾斜效果示例

➤ skew()方法是 Transform 2D 转换中最难理解的一个，通过观察图 9-6，我们可以得出以下简单结论：

➤ skewX(x)：x 轴不动，将 y 轴逆时针旋转 x 角度。此旋转的角度即现在 y 轴与原来 Y 轴所成的角度。

➤ skewY(y)：y 轴不动，将 x 轴顺时针旋转 y 角度。此旋转的角度即现在 x 轴与原来 X 轴所成的角度。

➤ skew(x，y)：将 x 轴顺时针旋转 y 角度，将 y 轴逆时针旋转 x 角度。

9.1.5　Transform 2D 综合应用

图 9-7 所示是一个综合使用 Transform 2D 属性制作的图形。

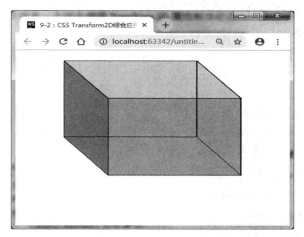

图 9-7　Transform 2D 综合应用效果示例

其代码如下：

```
<!DOCTYPE html>
<html lang="en">
<head>
    <meta charset="UTF-8">
    <title>9-2：CSS Transform2D 综合应用</title>
    <style>
        ul{
            width: 400px;
```

```
        height: 400px;
        position: absolute;
        left: 50%;
        top: 50%;
        margin-left: -200px;
        margin-top: -200px;
        list-style: none;
        padding: 0;
    }
    li{
        position: absolute;
        border: 1px blue solid;
        width: 298px;
        height: 198px;
    }
    li.li1{
        transform: translate(99px,99px);
        background-color: #bbbbbb;
    }
    li.li2{
        transform: skewX(45deg);
        transform-origin: 0 0;
        height: 98px;
        background-color: #dddddd;
    }
    li.li3{
        transform: skewY(45deg);
        transform-origin: 0 0;
        width: 98px;
        background-color: #999999;
    }
    li.li4{
        transform: translateX(299px) skewY(45deg);
```

```
                    transform-origin: left top;
                    width: 98px;
                }
        </style>
</head>
<body>
<ul>
    <li class="li1"></li>
    <li class="li2"></li>
    <li class="li3"></li>
    <li class="li4"></li>
    <li class="li5"></li>
</ul>
</body>
</html>
```

9.2　Transform 3D 转换

Transform 3D 转换使用基于 2D 转换的相同属性，在接下来的学习过程中，你会发现 3D 转换的功能和 2D 转换的功能类似。

CSS3 中 3D 转换主要包括以下几种功能函数：

➢ 3D 移动：包括 translateZ()和 translate3d()两个功能函数。

➢ 3D 转动：包括 rotateX()、rotateY()、rotateZ()和 rotate3d()四个功能函数。

➢ 3D 缩放：包括 scaleZ()和 scale3d()两个功能函数。

9.2.1　3D 坐标系和透视效果

在 Transform 3D 转换中，我们必须首先了解 CSS3 中的 3D 坐标系，如图 9-8 所示。

在 CSS3 3D 坐标系中，x 轴和 y 轴和 2D 坐标系一样，最左上角为(0，0)最右下角为 (x，y)，根据屏幕分辨率不同，x、y 的值不同；z 轴垂直于屏幕，屏幕往前 z 轴为正，屏幕往后 z 轴为负。

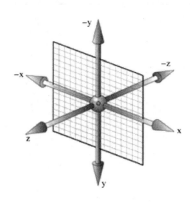

图 9-8　CSS3 中的 3D 坐标系

电脑显示屏是一个 2D 平面，图像之所以具有立体感(3D 效果)，其实只是一种视觉呈现，通过透视可以实现此目的，即同一个物体离我们近，透视效果则是放大，反之，离我们远则缩小。透视可以使一个 2D 平面在显示过程当中呈现 3D 效果。

在 CSS3 中，要使用 3D 转换效果，必须先给元素添加透视距离，语法如下：

```
transform: perspective(x);
```

也可以直接给父元素设置一个透视距离，这样子元素就不必再设置透视距离。父元素设置透视距离使用 perspective 属性，语法如下：

```
perspective: length;
```

perspective()的参数是透视距离，一般是以像素为单位，可以理解为观察某个元素所离开的距离。CSS 3 中透视效果示意图如图 9-9 所示。

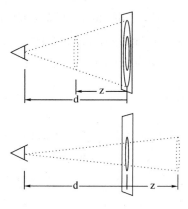

图 9-9　CSS3 中透视效果示意图

图 9-9 中，d 代表透视距离(即 perspective()方法的参数)，z 代表元素在 z 轴移动的距离。

9.2.2　3D 移动 translate3d()

3D 移动和 2D 移动的区别是，2D 移动只能向左右(x 轴)或者上下(y 轴)移动，而 3D 移动能够在 z 轴上移动。具体语法如下：

```
transform:translate(x,y,z);
transform:translateZ(z);
```

通过图 9-10 所示，我们能够直观地看到 translate3d()移动的具体效果。

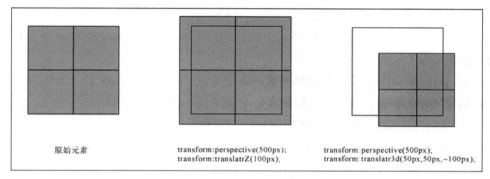

图 9-10　translate3d 移动效果示意图

通过上面的页面效果可以看出，当 z 轴值越大时，元素也离观看者越近，从视觉上元素就变得更大；反之其值越小时，元素也离观看者越远，从视觉上元素就变得更小。

9.2.3　3D 转动 rotate3d()

CSS3 为 3D 转动提供了 4 个旋转函数：rotateX()，以 x 轴为旋转轴从下向上旋转；rotateY()，以 y 轴为旋转轴从左向右旋转；rotateZ()，其实就是 2D 转动 rotate()，以中心为原点逆时针旋转；rotate3d()，以指定的一条直线为旋转轴进行顺时针旋转。具体语法如下：

```
transform: rotateX(x);
transform: rotateY(y);
transform: rotateZ(z);
transform: rotate3d(x,y,z, angle);
```

rotate3d()实际转换效果如图 9-11 所示。

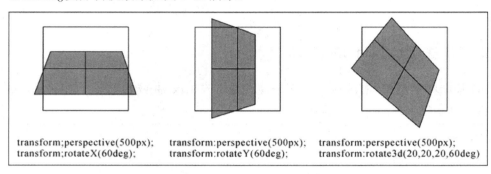

图 9-11　rotate3d 旋转效果示意图

rotateZ()与上一节 2D 转动的效果一样，此处不再进行展示。

rotate3d(x，y，z，angle)是 3D 转动中比较难理解的，我们首先要理解 4 个参数中所代表的意义：

➤ x：表示旋转轴 x 坐标方向的矢量，不带单位。

➤ y：表示旋转轴 y 坐标方向的矢量，不带单位。

➤ z：表示旋转轴 z 坐标方向的矢量，不带单位。

➤ angle：表示旋转角度，单位为 deg、rad、grad 或 turn。正的角度值表示顺时针旋转，负值表示逆时针旋转。

图 9-11 中，rotate3d(20，20，20，60deg)旋转的效果为：从原点指向(20，20，20)这个点构成一个方向轴，然后顺时针旋转 60 度。

因此，rotate3d(x，y，z，angle)属性的具体效果为：由原点指向(x，y，z)组成方向轴，然后顺时针进行相应的角度旋转，得到最后的结果。

9.2.4　3D 缩放 scale3d()

3D 缩放函数包括两个：scaleZ()，让元素在 z 轴上按比例缩放；scale3d()，让元素在 x、y、z 轴上同时进行缩放。具体语法如下：

```
transform: scaleZ(z);
transform: scale3d(x,y,z);
```

两个函数的参数都不能带单位，默认值为 1；当值大于 1 时，元素放大；当值小于 1 时，元素缩小；为负值时，翻转元素。

scaleZ()和 scale3d()单独使用时没有任何效果,需要配合其他的变形函数一起使用才会有效果。下面来看一个实例,为了能看到 scaleZ()函数的效果,我们添加了一个 rotateX(45deg)功能,如图 9-12 所示。

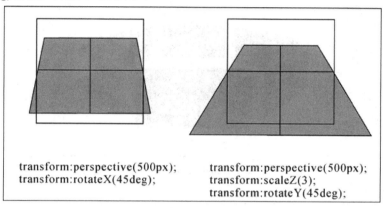

图 9-12　scale3d()缩放效果示意图

需要注意的是,在进行 3D 转动之前应该先进行 3D 缩放,否则 3D 缩放不会有相应的作用。scale3d()比 scaleZ()只多了 x 轴和 y 轴方向的缩放,因此这里不再重复进行演示。

9.2.5　整体 3D 转换

transform-style 属性规定如何在 3D 空间中呈现被嵌套的元素。它有两个值:

➢ flat:子元素不保留其 3D 位置,默认值。

➢ preserve-3d:子元素保留其 3D 位置。

设置语法如下:

```
transform-style: flat|preserve-3d;
```

图 9-13 所示是一个综合使用 Transform 3D 属性制作的图形。先设置父元素的 perspective 属性,使所有子元素都支持 3D 转换效果;再对所有元素进行 3D 转换,形成一个六边形;最后将父元素根据 x 轴旋转一定的角度。

在整个过程中,如果要使父元素 3D 转动时带动子元素一起转动,则必须设置 transform-style: preserve-3d 属性,否则转动的效果还是 2D 效果。页面效果如图 9-13 所示。

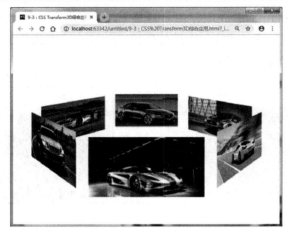

图 9-13　CSS Transform3D 综合应用效果图

其代码如下:

```
<!DOCTYPE html>
<html lang="en">
<head>
    <meta charset="UTF-8">
    <title>9-3：CSS Transform3D 综合应用</title>
    <style>
        div{
            position: absolute;
            top: 50%;
            left: 50%;
            margin-top: -100px;
            margin-left: -150px;
        }
        ul{
            list-style: none;
            padding: 0;
            width: 300px;
            height: 200px;
            perspective: 1000px;
            perspective-origin:50% 50%;
```

```
            transform-style:preserve-3d;
            transform: rotateX(-20deg);
        }
        li{
            position: absolute;
            width: 300px;
            height: 200px;
        }
        li.li1{
            transform: translateZ(300px);
        }
        li.li2{
            transform: translate3d(300px,0,150px) rotateY(45deg) ;
        }
        li.li3{
            transform: translate3d(300px,0,-150px) rotateY(-45deg) ;
        }
        li.li4{
            transform: translateZ(-300px);
        }
        li.li5{
            transform: translate3d(-300px,0,-150px) rotateY(45deg) ;
        }
        li.li6{
            transform: translate3d(-300px,0,150px) rotateY(-45deg) ;
        }
    </style>
</head>
<body>
<div>
    <ul>
        <li class="li1"><img src="img/1.jpg" width="300"/></li>
        <li class="li2"><img src="img/2.jpg" width="300"/></li>
```

```
                <li class="li3"><img src="img/3.jpg" width="300"/></li>
                <li class="li4"><img src="img/4.jpg" width="300"/></li>
                <li class="li5"><img src="img/5.jpg" width="300"/></li>
                <li class="li6"><img src="img/6.jpg" width="300"/></li>
            </ul>
    </div>
</body>
</html>
```

9.3 变形后的坐标轴

在上面的示例中，我们发现其中有一些问题，当对页面中的整体再进行绕 y 轴的 3D 旋转后，页面效果跟我们预期的不一样。

修改 ul 元素的 transform 属性，语法如下：

```
transform: rotateX(-20deg) rotate(60deg);
```

页面显示效果如图 9-14 所示。

图 9-14   CSS Transform3D 综合应用效果图(1)

很明显，我们想让图片绕 y 轴进行旋转，将另外一张图片转到正前方，但得到的效果与我们预想中的不同。

分析原因后我们发现：旋转的结果是正确的。因为在进行 3D 变换时，我们变换了每张图片的坐标和旋转角度，因此当再对整体进行绕 y 轴旋转时，就得到了以上结果。

在 CSS3 中，变形处理后的元素，其坐标轴也会发生相应的变形。根据此规则，我们可以将以上代码进行如下调整：

先将图片绕 y 轴进行旋转，此时，每张图片的 x 轴和 z 轴的方向就发生了改变；这时，将每张图片根据 z 轴移动一定的距离，就能形成 3D 的六边形；再使父元素绕 y 轴转动适当的度数即可完成预想中的图形。修改后的代码如下：

```
<!DOCTYPE html>
<html lang="en">
<head>
    <meta charset="UTF-8">
    <title>9-3：CSS Transform3D 综合应用</title>
    <style>
        div{
            position: absolute;
            top: 50%;
            left: 50%;
            margin-top: -100px;
            margin-left: -150px;
            perspective: 1000px;
            transform-style:preserve-3d;
            transform:rotateX(-15deg);
        }
        ul{
            list-style: none;
            padding: 0;
            width: 300px;
            height: 200px;
            transform-style:preserve-3d;
        }
        li{
            position: absolute;
            width: 300px;
            height: 200px;
```

```
        }
        li.li1{
            transform: rotateY(0deg) translateZ(300px);
        }
        li.li2{
            transform: rotateY(60deg) translateZ(300px);
        }
        li.li3{
            transform: rotateY(120deg) translateZ(300px);
        }
        li.li4{
            transform: rotateY(180deg) translateZ(300px);
        }
        li.li5{
            transform: rotateY(240deg) translateZ(300px);
        }
        li.li6{
            transform: rotateY(300deg) translateZ(300px);
        }

    </style>
</head>
<body>
<div>
    <ul>
        <li class="li1"><img src="img/1.jpg" width="300"/></li>
        <li class="li2"><img src="img/2.jpg" width="300"/></li>
        <li class="li3"><img src="img/3.jpg" width="300"/></li>
        <li class="li4"><img src="img/4.jpg" width="300"/></li>
        <li class="li5"><img src="img/5.jpg" width="300"/></li>
        <li class="li6"><img src="img/6.jpg" width="300"/></li>
    </ul>
</div>
```

```
</body>
</html>
```

页面显示效果如图 9-15 所示。

图 9-15　CSS Transform3D 综合应用效果图(2)

此时，再来为 ul 元素添加 transform 属性，语法如下：

```
transform:rotateY(60deg);
```

页面显示正确效果如图 9-16 所示。

图 9-16　CSS Transform3D 综合应用效果图(3)

第 10 章 CSS3 的动画处理

CSS3 提供了一系列方法和属性，使我们能够创建动画，可以在许多网页中取代动态图片、Flash 动画以及 JavaScript。

CSS3 为动画提供了两个属性：过渡(Transition)和动画(Animation)；一个规则：关键帧(@keyframes)。它们三者之间的关系可以用图 10-1 简单地表示。

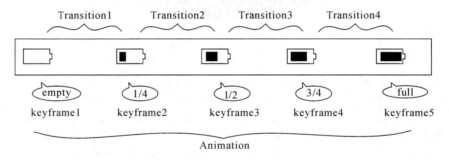

图 10-1　Transition、Animation、@keyframes 之间的关系

图 10-1 所示是由 5 个关键帧(@keyframes)组成的动画，两个关键帧之间的过渡效果就是一个 Trasition。整个动画的全过程，就是一个 Animation。为了方便理解，我们可以认为 Trasition 其实是 Animation 的一个子集，即一个 Animation 是由多个 Transition 组合而成的。

接下来，我们将围绕 Transition、Animation 和@keyframes 进行说明。

10.1　关键帧@keyframes

我们知道，动画其实是将事物的变化过程分解为许多动作瞬间的一系列静止的图片，以一定的速度连续展示，给视觉造成动态的艺术。实现由静止到动态，主要是靠人眼的视觉残留效应，而每张静止的图片，我们称之为帧。根据人眼的特性，用 15～20 帧/秒的速度顺序地播放静止图像帧，就会产生运动的感觉。

可以想象，如果要制作一个 1 秒钟的动画，即使使用最少的 15 帧/秒的帧率，也需要手动制作 15 张画面，这是一个非常巨大的工作量。然而，CSS3 为我们提供了关键帧技术，使我们只需要制作开始画面和结束画面，而中间的画面将会自动计算完成，极大地提升了我们的开发效率。

通过@keyframes，我们能够创建动画的关键帧。原理是将一套 CSS 样式逐渐变化为另一套样式，在动画过程中能够多次改变这套 CSS 样式。基本语法如下：

```
@keyframes animationname {
    keyframes-selector {css-styles;}
    [keyframes-selector {css-styles;}
    …]
}
```

参数说明如下：

➢ animationname：定义动画的名称。

➢ keyframes-selector：定义动画时长的百分比。合法的值有 0%～100%、from(与 0% 相同)、to(与 100%)相同。

➢ css-styles：一个或多个合法的 CSS 样式属性。

下面的代码定义了一套动画规则：规则名字为 mymove，由 5 个关键帧组成，并移动 4 次最终回到起始位置。

```
@keyframes mymove{
    0%   {top:0px;}
    25%  {top:200px;}
    50%  {top:100px;}
    75%  {top:200px;}
    100% {top:0px;}
}
```

元素首先在默认位置，离父元素顶部 0 像素，然后向下移动 200 像素，到离顶部 200 像素的位置，再向上移动 100 像素，到离顶部 100 像素的位置，再向下移动 100 像素，到离顶部 200 像素的位置，最后向上移动 200 像素，回到初始位置。

规则定义的关键帧示意图 10-2 所示。

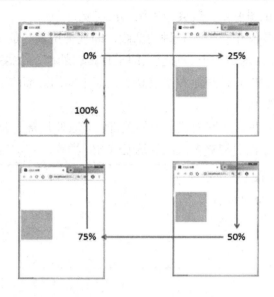

图 10-2　规则定义的关键帧示意图

10.2　过渡 Transition

Trasition 属性提供了从一种状态过渡到另一种状态的渐变方案，通常在鼠标指针浮动到元素上时发生。基本语法如下：

transition: property duration timing-function delay;

非常明显，这是一个简写属性，用于设置 4 个过渡属性：

➢ transition-property：规定设置过渡效果的 CSS 属性的名称。

➢ transition-duration：规定完成过渡效果需要多少秒或毫秒。

➢ transition-timing-function：规定过渡效果的速度曲线。

➢ transition-delay：规定过渡效果何时开始。

10.2.1　transition-property

transition-property 属性规定设置过渡效果的 CSS 属性的名称。当指定的 CSS 属性发生改变时，过渡效果将开始。它接收 3 种值：

➢ none：没有属性会获得过渡效果。

➢ all：所有属性都将获得过渡效果，默认值。

➢ property：定义应用过渡效果的 CSS 属性名称列表，列表以逗号分隔。

10.2.2　transition-duration

transition-duration 属性规定完成过渡效果需要花费的时间，单位可以是秒(s)或毫秒(ms)。需要注意的是，这个属性的默认值是 0s，相当于不进行任何过渡转变。因此，请记住每次都要设置 transition-duration 属性。

10.2.3　transition-timing-function

transition-timing-function 属性规定过渡效果的速度曲线，允许过渡效果随着时间来改变其速度。允许的值有：

➢ linear：匀速变化。

➢ ease　：减速变化。

➢ ease-in：加速变化。

➢ ease-out：减速变化。

➢ ease-in-out：先加速再减速变化。

具体速度变化可以参考图 10-3。

10.2.4　transition-delay

transition-delay 属性规定过渡效果何时开始，也可以理解为过渡效果的延迟时间，单位同样可以是秒(s)或毫秒(ms)。它是一个可选项，默认值为 0，即立即执行。如果设置此属性，则变化开始时会等待规定的时间才开始进行过渡变化。

函数	功能描述	图　例
ease	默认值，元素样式从初始状态过渡到终止状态时，速度由快到慢，逐渐变慢	

续表

函数	功能描述	图　例
linear	元素样式从初始状态过渡到终止状态时，速度是恒速	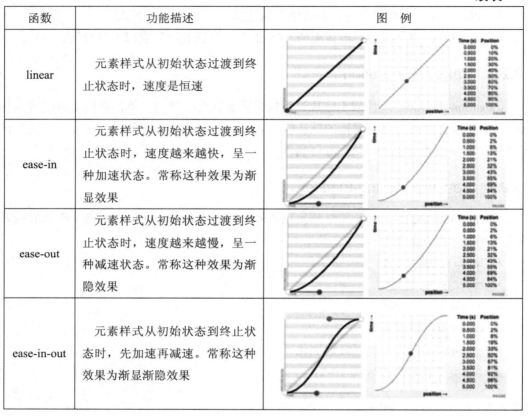
ease-in	元素样式从初始状态过渡到终止状态时，速度越来越快，呈一种加速状态。常称这种效果为渐显效果	
ease-out	元素样式从初始状态过渡到终止状态时，速度越来越慢，呈一种减速状态。常称这种效果为渐隐效果	
ease-in-out	元素样式从初始状态到终止状态时，先加速再减速。常称这种效果为渐显渐隐效果	

图 10-3　transition-timing-function 各参数速度曲线

10.3　动画 Animation

通过图 10-1 可知，动画(Animation)实际上是由多个关键帧(keyframe)和过渡到这些关键帧的过渡(Transition)效果组合而成的。可以说，Animation 就是 Transition 的升级效果，可通过设置多个节点来精确控制一个或一组动画，常用来实现复杂的动画效果。

定义一个动画通常分为 3 步：

➤ 通过@keyframes 定义动画的关键帧，即将动画划分为不同的时间段。

➤在各关键帧中分别定义各种 CSS 属性。

➢在指定元素里，通过 animation 属性调用动画。

其中，animation 属性的基本语法如下：

```
animation: name duration timing-function delay iteration-count direction;
```

animation 属性也是一个简写属性，用于设置 6 个动画属性：

➢ animation-name：规定需要绑定到选择器的规则(@keyframes)名称。

➢ animation-duration：规定完成动画所花费的时间。

➢ animation-timing-function：规定动画的速度曲线。

➢ animation-delay：规定在动画开始之前的延迟。

➢ animation-iteration-count：规定动画应该播放的次数。

➢ animation-direction：规定是否应该轮流反向播放动画。

10.3.1　animation-name

animation-name 属性的值为@keyframes 规则的名称，也可以理解为该属性的作用是设置动画执行的规则。

10.3.2　animation-duration

animation-duration 属性定义动画完成一个周期(0%～100%)所需要的时间，值的单位可以是秒(s)或毫秒(ms)。与 Transition 一样，这个属性的默认值是 0s，相当于不进行任何过渡转变。因此，请记住每次都要设置 animation-duration 属性。

10.3.3　animation-timing-function

animation-timing-function 属性规定动画的速度曲线，定义动画从一套 CSS 样式变为另一套所用的时间。速度曲线用于使变化更为平滑。其允许的值和 Transition 一样：

➢ linear：匀速变化。

➢ ease：减速变化。

➢ ease-in：加速变化。

➢ ease-out：减速变化。

➢ ease-in-out：先加速再减速变化。

具体速度变化可以参考图 10-3。

10.3.4 animation-delay

animation-delay 属性定义动画何时开始，值的单位可以是秒(s)或毫秒(ms)。此属性允许负值，−2 s 表示使动画马上开始，但跳过动画的前 2 秒。

10.3.5 animation-iteration-count

animation-iteration-count 属性规定动画的播放次数，接收的值有两种：

➢ n：具体的整数，即定义动画播放次数的数值。

➢ infinite：规定动画无限次播放，即无限循环动画。

10.3.6 animation-direction

animation-direction 属性规定是否应该轮流反向播放动画。它有两个值可以选择：

➢ normal：动画应该正常播放，默认值。

➢ alternate：动画应该轮流反向播放。

如果 animation-direction 值是"alternate"，则动画会在奇数次数(1、3、5 等)正常播放，而在偶数次数(2、4、6 等)反向播放，即按照设置的路径逆向返回初始值。需要注意的是，如果把动画设置为只播放一次，则该属性没有效果。

10.3.7 animation-play-state

animation-play-state 属性规定动画正在运行还是暂停。可以在 JavaScript 或是某些伪类选择器(如 hover)中使用该属性，这样就能在播放过程中暂停动画。它有两个值可以选择：

➢ paused：规定动画暂停。

➢ running：规定动画播放。

10.3.8 animation-fill-mode

animation-fill-mode 属性规定动画在播放之前或之后，其动画效果是否可见。此属性的值是由逗号分隔的一个或多个填充模式关键词，包括：

➢ none：不改变默认行为。

> forwards：当动画完成后，保持最后一个属性值(在最后一个关键帧中定义)。
> backwards：在 animation-delay 所指定的一段时间内，在动画显示之前，应用开始属性值(在第一个关键帧中定义)。
> both：向前和向后填充模式都被应用。

10.4　动画在页面中的实际应用

动画效果在页面中能极大地提升用户体验度，给用户一种酷炫的感觉。而用户体验才是前端工程师应该更加关注的问题。

动画效果一般和 CSS3 变形处理一起使用，接下来以第 9 章整体 3D 转换的示例为基础添加动画效果，让整个图形 3D 旋转，得到更加酷炫的效果。

代码参考 9.3 节中的代码，页面实际显示效果如图 10-4 所示。

图 10-4　应用 3D 转换效果的页面

此时，我们要让图片转动起来，可以考虑让父元素进行绕 Y 轴的 3D 转动。在代码中添加一个简单的动画规则：

```
@keyframes myRotate{
    from{transform: rotateY(0deg);}
    to{transform: rotateY(360deg);}
}
```

再为 ul 添加动画属性，代码如下：

```
animation: myRotate 10s linear infinite;
```

完整代码如下：

```
<!DOCTYPE html>
<html lang="en">
<head>
    <meta charset="UTF-8">
    <title>10-1：CSS Transform3D 与动画 animation 综合应用</title>
    <style>
        div{
            position: absolute;
            top: 50%;
            left: 50%;
            margin-top: -100px;
            margin-left: -150px;
            perspective: 1000px;
            transform-style:preserve-3d;
            transform:rotateX(-15deg);
        }
        ul{
            list-style: none;
            padding: 0;
            width: 200px;
            height: 200px;
            transform-style:preserve-3d;
            animation: myRotate 10s linear infinite;
        }
        li{
            position: absolute;
            width: 300px;
            height: 200px;
        }
```

```
        li.li1{
            transform: rotateY(0deg) translateZ(300px);
        }
        li.li2{
            transform: rotateY(60deg) translateZ(300px);
        }
        li.li3{
            transform: rotateY(120deg) translateZ(300px);
        }
        li.li4{
            transform: rotateY(180deg) translateZ(300px);
        }
        li.li5{
            transform: rotateY(240deg) translateZ(300px);
        }
        li.li6{
            transform: rotateY(300deg) translateZ(300px);
        }
        @keyframes myRotate{
            from{transform: rotateY(0deg);}
            to{transform: rotateY(360deg);}
        }
    </style>
</head>
<body>
<div>
    <ul>
        <li class="li1"><img src="img/1.jpg" width="300"/></li>
        <li class="li2"><img src="img/2.jpg" width="300"/></li>
        <li class="li3"><img src="img/3.jpg" width="300"/></li>
        <li class="li4"><img src="img/4.jpg" width="300"/></li>
        <li class="li5"><img src="img/5.jpg" width="300"/></li>
        <li class="li6"><img src="img/6.jpg" width="300"/></li>
```

```
      </ul>
  </div>
  </body>
  </html>
```

　　由于运行效果为动态，此处不便截图展示，因此页面效果大家可以自行运行代码查看。

附　　录

本书所涉及内容相关的 API 列于下面，以方便读者查阅。

一、HTML 视频 API

video 模块管理多媒体视频相关的能力，可用于创建视频播放控件、直播推流控件等。

方法：

createVideoPlayer：创建 VideoPlayer 对象。

createLivePusher：创建 LivePusher 对象。

getVideoPlayerById：查找已经创建的 VideoPlayer 对象。

getLivePusherById：查找已经创建的 LivePusher 对象。

对象：

VideoPlayer：视频播放控件对象。

VideoPlayerStyles：视频播放控件参数。

VideoPlayerEvents：视频播放控件事件类型。

LivePusher：直播推流控件对象。

LivePusherStyles：直播推流控件配置选项。

LivePusherEvents：直播推流控件事件类型。

回调方法：

VideoPlayerEventCallback：视频播放控件事件监听回调函数。

LivePusherEventCallback：视频播放控件事件监听回调函数。

1. createVideoPlayer

创建 VideoPlayer 对象的代码如下：

```
VideoPlayer plus.video.createVideoPlayer(id, styles);
```

说明：调用此方法创建后并不会显示，需要调用 Webview 窗口的 append 方法将其添加到 Webview 窗口后才能显示。

注意：此时需要通过 styles 参数的 top/left/width/height 属性设置控件的位置及大小。

参数：

id：(String 类型)必选，VideoPlayer 对象的全局标识，可用于通过 plus.video.getVideo PlayerById()方法查找已经创建的 VideoPlayer 对象。

styles：(VideoPlayerStyles 类型)可选，视频播放控件参数，可用于设置视频播放控件的位置及大小等。

返回值：

VideoPlayer：视频播放控件对象。

2. createLivePusher

创建 LivePusher 对象的代码如下：

```
LivePusher plus.video.createLivePusher(id, styles);
```

说明：调用此方法创建后并不会显示，需要调用 Webview 窗口的 append 方法将其添加到 Webview 窗口后才能显示。

注意：此时需要通过 styles 参数的 top/left/width/height 属性设置控件的位置及大小。

参数：

id：(String 类型)必选，LivePusher 对象的全局标识，可用于通过 plus.video.getLive PusherById()方法查找已经创建的 LivePusher 对象。

styles：(LivePusherStyles 类型)可选，直播推流控件参数，可用于设置直播推流控件的位置及大小等。

返回值：

LivePusher：直播推流控件对象。

3. createLivePusher

创建 LivePusher 对象的代码如下：

```
LivePusher plus.video.createLivePusher(id, styles);
```

说明：调用此方法创建后并不会显示，需要调用 Webview 窗口的 append 方法将其添加到 Webview 窗口后才能显示。

注意：此时需要通过 styles 参数的 top/left/width/height 属性设置控件的位置及大小。

参数：

id：(String 类型)必选，LivePusher 对象的全局标识，可用于通过 plus.video.getLive PusherById()方法查找已经创建的 LivePusher 对象。

styles：(LivePusherStyles 类型)可选，直播推流控件参数，可用于设置直播推流控件的位置及大小等。

返回值：

LivePusher：直播推流控件对象。

4．getVideoPlayerById

查找已经创建的 VideoPlayer 对象的代码如下：

```
VideoPlayer plus.video.getVideoPlayerById(id);
```

说明：查找指定 id 的 VideoPlayer 对象，如果不存在则返回 null。

参数：

id：(String 类型)必选，VideoPlayer 对象的全局标识。如果存在多个相同标识的 VideoPlayer 对象，则返回第一个查找到的 VideoPlayer 对象；如果不存在指定标识的 VideoPlayer 对象，则返回 null。

返回值：

VideoPlayer：视频播放控件对象。

5．getLivePusherById

查找已经创建的 LivePusher 对象的代码如下：

```
LivePusher plus.video.getLivePusherById(id);
```

说明：查找指定 id 的 LivePusher 对象，如果不存在则返回 null。

参数：

id：(String 类型)必选，LivePusher 对象的全局标识。如果存在多个相同标识的 LivePusher 对象，则返回第一个查找到的 LivePusher 对象；如果不存在指定标识的 LivePusher 对象，则返回 null。

返回值：

LivePusher：直播推流控件对象。

6．VideoPlayer 对象

VideoPlayer 对象表示视频播放控件对象，在窗口中播放视频，可支持本地视频 (mp4/flv)、网络视频地址(mp4/flv/m3u8)及流媒体(rtmp/hls/rtsp)。

构造：

VideoPlayer.constructor(id, styles)：创建 VideoPlayer 对象。

方法：

addEventListener：监听视频播放控件事件。

setStyles：设置视频播放控件参数。

setOptions：设置视频播放控件参数(将废弃，使用 setStyles)。

play：播放视频。

pause：暂停视频。

seek：跳转到指定位置。

requestFullScreen：切换到全屏。

exitFullScreen：退出全屏。

stop：停止播放视频。

hide：隐藏视频播放控件。

show：显示视频播放控件。

close：关闭视频播放控件。

sendDanmu：发送弹幕。

playbackRate：设置倍速播放。

1) VideoPlayer.constructor(id，styles)

创建 VideoPlayer 对象的代码如下：

```
var video = new plus.video.VideoPlayer(id, styles);
```

说明：创建 VideoPlayer 对象，并指定 VideoPlayer 对象的在界面中关联 div 或 object 标签的 id 号。

参数：

id：(String 类型)必选，视频播放控件在 Webview 窗口的 DOM 节点的 id 值。为了定义视频控件在 Webview 窗口中的位置，需要指定控件定位标签(div 或 object)的 id 号，系统将根据此 id 号来确定视频播放控件的大小及位置。

styles：(VideoPlayerStyles 类型)可选，视频播放控件参数，可用于设置视频播放控件的资源地址、初始播放位置等参数。

返回值：

VideoPlayer ：视频播放控件对象。

2) addEventListener

监听视频播放控件事件的代码如下：

```
void video.addEventListener(event, listener, capture);
```

说明：向视频播放控件添加事件监听器，当指定的事件发生时，将触发 listener 函数的执行。可多次调用此方法向视频播放控件添加多个监听器，当监听的事件发生时，将按照添加的先后顺序执行。

参数：

event：(VideoPlayerEvents 类型)必选，视频播放控件事件类型。

listener：(VideoPlayerEventCallback 类型)必选，监听事件发生时执行的回调函数。

capture：(Boolean 类型)可选，捕获事件流顺序，暂无效果。

返回值：

void：无。

3) setStyles

设置视频播放控件参数的代码如下：

```
void video.setStyles(styles);
```

说明：用于动态更新视频播放控件的配置参数。

注意：有些选项无法动态更新，只能创建时进行设置，详情参考 VideoPlayerStyles。

参数：

styles：(VideoPlayerStyles 类型)必选，要更新的配置参数。

返回值：

void：无。

4) setOptions

设置视频播放控件参数(将废弃，使用 setStyles)的代码如下：

```
void video.setOptions(options);
```

说明：用于动态更新视频播放控件的配置选项。

注意：有些选项无法动态更新，只能创建时进行设置，详情参考 VideoPlayerStyles。

参数：

options：(VideoPlayerStyles 类型)必选，要更新的配置选项。

返回值：

void：无。

5) play

播放视频的代码如下：

```
void video.play();
```

说明：如果视频已经处于播放状态，则操作无效。

参数：无。

返回值：

void：无。

6) pause

暂停视频的代码如下：

```
void video.pause();
```

说明：如果视频未处于播放状态，则操作无效。

参数：无。

返回值：

void：无。

7) seek

跳转到指定位置的代码如下：

```
void video.seek(position);
```

说明：如果视频未处于播放状态，则操作无效。

参数：

position：(Number 类型)必选，跳转到的位置。单位为秒(s)。

注意：由于视频流只能从关键帧开始播放，可能存在不精确的情况。

返回值：

void：无。

8) requestFullScreen

切换到全屏的代码如下：

```
void video.requestFullScreen(direction);
```

参数：

direction：(Number 类型)必选，视频的方向。可取值：0(正常竖向)，90(屏幕逆时针 90 度)，-90(屏幕顺时针 90 度)。

返回值：

void：无。

9) exitFullScreen

退出全屏的代码如下：

```
void video.exitFullScreen();
```

参数：无。

返回值：

void：无。

10) stop

停止播放视频的代码如下：

```
void video.stop();
```

说明：如果视频未处于播放或暂停状态，则操作无效。

参数：无。

返回值：

void：无。

11) hide

隐藏视频播放控件的代码如下：

```
void video.hide();
```

说明：隐藏只是控件不可见，控件依然存在并且不改变播放状态。如果控件已经隐藏，则操作无效。

参数：无。

12) show

显示视频播放控件的代码如下：

```
void video.show();
```

说明：将隐藏的控件显示出来(恢复到隐藏前的状态)。如果控件已经显示，则操作无效。

参数：无。

返回值：

void：无。

13) close

关闭视频播放控件的代码如下：

```
void video.close();
```

说明：关闭操作将释放控件所有资源，不再可用。

参数：无。

返回值：

void：无。

14) sendDanmu

发送弹幕的代码如下：

```
void video.sendDanmu(danmu);
```

说明：如果视频未处于播放状态，则操作无效。

参数：

danmu：(JSON 类型)必选，发送的弹幕。它支持以下属性：text(弹幕的文本内容)和 color(弹幕的颜色)。

返回值：

void：无。

15) playbackRate

设置倍速播放的代码如下：

```
void video.playbackRate(rate);
```

参数：

rate：(Number 类型)必选，播放的倍率。可取值：0.5，0.8，1.0，1.25，1.5。

返回值：

void：无。

7. VideoPlayerStyles

属性：

src：(String 类型)视频资源地址。它支持本地地址，也支持网络地址及直播流(RTMP)。

initial-time：(Number 类型)视频初始播放位置，单位为秒(s)。

注意：仅在视频开始播放前设置有效。

duration：(Number 类型)视频长度，单位为秒(s)。

注意：仅在视频开始播放前设置有效。

controls：(Boolean 类型)是否显示默认播放控件，默认值为 true。它包括播放/暂停按钮、播放进度、时间等。

danmu-list：(Array(JSON)类型)弹幕列表。弹幕 JSON 对象包括属性：text(String 类型，弹幕文本内容)，color(String 类型，弹幕颜色，格式为#RRGGBB)，time(Number 类型，弹幕出现的时间，单位为秒)。

danmu-btn：(Boolean 类型)是否显示弹幕按钮，默认值为 false。

注意：仅在控件构造时设置有效，不能动态更新。

enable-danmu：(Boolean 类型)是否展示弹幕，默认值为 false。

注意：仅在控件构造时设置有效，不能动态更新。

autoplay：(Boolean 类型)是否自动播放，默认值为 false。

loop：(Boolean 类型)是否循环播放，默认值为 false。

muted：(Boolean 类型)是否静音播放，默认值为 false。

direction：(Number 类型)设置全屏时视频的方向，若不指定则根据宽高比自动判断。可取值：0(正常竖向)，90(屏幕逆时针 90 度)，-90(屏幕顺时针 90 度)。

show-progress：(Boolean 类型)是否显示播放进度，默认值为 true。

show-fullscreen-btn：(Boolean 类型)是否显示全屏按钮，默认值为 true。

show-play-btn：(Boolean 类型)是否显示视频底部控制栏的播放按钮，默认值为 true。

show-center-play-btn：(Boolean 类型)是否显示视频中间的播放按钮，默认值为 true。

enable-progress-gesture：(Boolean 类型)是否开启控制进度的手势，默认值为 true。

objectFit：(String 类型)当视频大小与 video 容器大小不一致时，视频的表现形式。可取值：contain(包含)，fill(填充)，cover(覆盖)。 默认值为 contain。 仅 Android 平台支持。

poster： (String 类型)视频封面的图片网络资源地址。如果 controls 属性值为 false，则设置 poster 无效。

top: (String 类型)VideoPlayer 控件左上角的垂直偏移量。可取值：像素值，如"100px"；百分比，如"10%"，相对于父 Webview 窗口的高度；自动计算，如"auto"，根据 height 值自动计算，相对于父 Webview 窗口垂直居中。

left: (String 类型)VideoPlayer 控件左上角的水平偏移量。可取值：像素值，如"100px"；百分比，如"10%"，相对于父 Webview 窗口的宽度；自动计算，如"auto"，根据 width 值自动计算，相对于父 Webview 窗口水平居中。默认值为"0px"。

width：(String 类型)VideoPlayer 控件的宽度。可取值：像素值，如"100px"；百分比，如"10%"，相对于父 Webview 窗口的宽度。默认值为"100%"。

height：(String 类型)VideoPlayer 控件的高度。可取值：像素值，如"100px"；百分比，如"10%"，相对于父 Webview 窗口的高度。默认值为"100%"。

position: (String 类型)VideoPlayer 控件在 Webview 窗口的布局模式。可取值："static"-静态布局模式，如果页面存在滚动条，则随窗口内容滚动；"absolute"为绝对布局模式，如果页面存在滚动条，则不随窗口内容滚动。默认值为"static"。

8. VideoPlayerEvents

常量：

"play"：(String 类型)视频播放事件。当视频开始/继续播放时触发，无事件回调函数参数。

"pause"：(String 类型)视频暂停事件。当视频暂停播放时触发，无事件回调函数参数。

"ended"： (String 类型)视频结束事件。当视频播放到末尾时触发，无事件回调函数参数。

"timeupdate"：(String 类型)视频播放进度更新事件。当视频播放进度变化时触发，触发频率为 250 ms 一次。 事件回调函数参数 event.detail = {currentTime:"Number 类型，当前播放时间(单位为秒)",duration:"Number 类型，视频总长度(单位为秒)"}。

"fullscreenchange"：(String 类型)视频播放全屏播放状态变化事件。当视频播放进入或退出全屏时触发。事件回调函数参数 event.detail = {fullScreen:"Boolean 类型，当前状态是否为全屏", direction:"String 类型，vertical 或 horizontal"}。

"waiting"：(String 类型)视频缓冲事件。当视频播放出现缓冲时触发，无事件回调函数参数。

"error"：(String 类型)视频错误事件。当视频播放出错时触发，无事件回调函数参数。

9. LivePusher 对象

说明：LivePusher 对象表示直播推流控件对象，在窗口中显示捕获视频，实时推送到流媒体(RTMP)服务器。

构造：

LivePusher.constructor(id，options)：创建 LivePusher 对象。

方法：

addEventListener：监听直播推流控件事件。

setStyles：设置直播推流控件参数。

setOptions：设置直播推流控件参数(将废弃，使用 setStyles)。

preview：预览摄像头采集数据。

start：开始推流。

stop：停止推流。

pause：暂停推流。

resume：恢复推流。

switchCamera：切换前后摄像头。

snapshot：快照。

close：关闭直播推流控件。

1) LivePusher.constructor(id, options)

创建 LivePusher 对象的代码如下：

```
var pusher = new plus.video.LivePusher(id, styles);
```

说明：创建 LivePusher 对象，并指定 LivePusher 对象在界面中关联 div 或 object 标签的 id 号。

参数：

id：(String 类型)必选，直播推流控件在 Webview 窗口的 DOM 节点的 id 值。为了定义直播推流控件在 Webview 窗口中的位置，需要指定控件定位标签(div 或 object)的 id 号，系统将根据此 id 号来确定直播推流控件的大小及位置。

styles：(LivePusherStyles 类型)可选，直播推流控件配置选项，可用于设置直播推流服务器地址等参数。

返回值：

LivePusher：直播推流控件对象。

2）addEventListener

监听直播推流控件事件的代码如下：

```
void pusher.addEventListener(event, listener, capture);
```

说明：向直播推流控件添加事件监听器，当指定的事件发生时，将触发 listener 函数的执行。可多次调用此方法向直播推流控件添加多个监听器，当监听的事件发生时，将按照添加的先后顺序执行。

参数：

event：(LivePusherEvents 类型)必选，直播推流控件事件类型。

listener：(LivePusherEventCallback 类型)必选，监听事件发生时执行的回调函数。

capture：(Boolean 类型)可选，捕获事件流顺序，暂无效果。

返回值：

void：无。

3）setStyles

设置直播推流控件参数的代码如下：

```
void pusher.setStyles(styles);
```

说明：用于动态更新直播推流控件的配置参数。

注意：有些选项无法动态更新，只能创建时进行设置，详情参考 LivePusherStyles。

参数：

styles：(LivePusherStyles 类型)必选，要更新的配置选项。

返回值：

void：无。

4）setOptions

设置直播推流控件参数(将废弃，使用 setStyles)的代码如下：

```
void pusher.setOptions(options);
```

说明：用于动态更新直播推流控件的配置选项。

注意：有些选项无法动态更新，只能创建时进行设置，详情参考 LivePusherStyles。

参数：

options：(LivePusherStyles 类型)必选，要更新的配置选项。

返回值：

void：无。

5) preview

预览摄像头采集数据的代码如下：

```
void pusher.preview();
```

说明：调用摄像头采集图像数据，并在推流控件中预览(此时不会向服务器推流，需调用 start 方法才开始推流)。

注意：为了确保预览窗口大小正确，应该在创建控件后延时一定的时间(如 500ms)进行预览。

参数：无。

返回值：

void：无。

6) start

开始推流的代码如下：

```
void pusher.start(successCB, errorCB);
```

说明：如果已经处于推流状态，则操作无效。

参数：

successCB：(Function 类型)必选，开始推流成功回调。开始推流操作成功时触发，回调函数无参数。

errorCB：(Function 类型)可选，开始推流失败回调。开始推流操作失败时触发，返回错误信息，回调参数 event={code:"错误代码",message:"错误描述信息"}。

返回值：

void：无。

7) stop

停止推流的代码如下：

```
void pusher.stop(options);
```

说明：如果未处于推流状态，则操作无效。

参数：

options：(JSON 类型)必选，停止推流的参数，支持属性值 preview，用于定义停止推流后是否继续预览。可取值：true 为继续预览，仅停止向服务器推流；false 为关闭预览，同时停止向服务器推流。 默认值为 false。

返回值：

void：无。

8) pause

暂停推流的代码如下：

```
void pusher.pause();
```

说明：如果未处于推流状态，则操作无效。

参数：无。

返回值：

void：无。

9) resume

恢复推流的代码如下：

```
void pusher.resume();
```

说明：如果未处于暂停状态，则操作无效。

参数：无。

返回值：

void：无。

10) switchCamera

切换前后摄像头的代码如下：

```
void pusher.switchCamera();
```

参数：无。

返回值：

void：无。

11) snapshot

快照的代码如下：

```
void pusher.snapshot(successCB, errorCB);
```

参数：

successCB：(Function 类型)必选，快照成功回调。快照操作成功时触发，并返回快照信息，回调参数 event={width:"快照图片宽度",height:"快照图片高度",tempImagePath:"快照图片路径"}。

errorCB：(Function 类型)可选，快照失败回调。快照操作失败时触发，返回错误信息，回调参数 event={code:"错误代码",message:"错误描述信息"}。

返回值：

void：无。

12) close

关闭直播推流控件的代码如下：

```
void pusher.close();
```

说明：关闭操作将释放控件所有资源，不再可用。

参数：无。

返回值：

void：无。

10. LivePusherStyles

属性：

url：(String 类型)推流地址，支持 RTMP 协议。

mode：(String 类型)推流视频模式。可取值：SD(标清)，HD(高清)，FHD(超清)。

muted：(Boolean 类型)是否静音。默认值为 false。

enable-camera：(Boolean 类型)开启摄像头。默认值为 true。

auto-focus：(Boolean 类型)自动聚集。默认值为 true。

beauty：(Number 类型)是否美颜。可取值为 0、1，其中 0 表示不使用美颜，1 表示使用美颜。默认值为 0(不使用美颜)。

whiteness：(Number 类型)是否美白。可取值为 0、1、2、3、4、5，其中 0 表示不使用美白，其余值分别表示美白的程度，值越大美白程度越大。默认值为 0(不使用美白)。

aspect：(String 类型)宽高比。可取值：3:4，9:16。

top：(String 类型)LivePusher 控件左上角的垂直偏移量。可取值：像素值，如"100px"；百分比，如"10%"，相对于父 Webview 窗口的高度；自动计算，如"auto"，根据 height 值自动计算，相对于父 Webview 窗口垂直居中。

left：(String 类型)LivePusher 控件左上角的水平偏移量。可取值：像素值，如"100px"；百分比，如"10%"，相对于父 Webview 窗口的宽度；自动计算，如"auto"，根据 width 值自动计算，相对于父 Webview 窗口水平居中。默认值为"0px"。

width：(String 类型)LivePusher 控件的宽度。可取值：像素值，如"100px"；百分比，如"10%"，相对于父 Webview 窗口的宽度。默认值为"100%"。

height：(String 类型)LivePusher 控件的高度。可取值：像素值，如"100px"；百分比，如"10%"，相对于父 Webview 窗口的高度。默认值为"100%"。

position：(String 类型)LivePusher 控件在 Webview 窗口的布局模式。可取值："static"为静态布局模式，如果页面存在滚动条，则随窗口内容滚动；"absolute"为绝对布局模式，如果页面存在滚动条，则不随窗口内容滚动。默认值为"static"。

11．LivePusherEvents

常量：

"statechange"：(String 类型)状态变化事件。当推流连接服务器状态变化时触发，事件回调函数参数 event={type:"事件类型，此时为 statechange"，target:"触发此事件的直播推流控件对象"，detail:{code:"状态码，参考后面状态码说明"，message:"描述信息"}}。其中，code 状态码：1001 为已经连接推流服务器；1002 为已经与服务器握手完毕，开始推流；1003 为打开摄像头成功；1004 为录屏启动成功；1005 为推流动态调整分辨率；1006 为推流动态调整码率；1007 为首帧画面采集完成；1008 为编码器启动；-1301 为打开摄像头失败；-1302 为打开麦克风失败；-1303 为视频编码失败；-1304 为音频编码失败；-1305 为不支持的视频分辨率；-1306 为不支持的音频采样率；-1307 为网络断连，且经多次重连抢救无效，更多重试请自行重启推流；-1308 为开始录屏失败，可能是被用户拒绝；-1309 为录屏失败，不支持 Android 系统版本，需要 5.0 以上的系统；-1310为录屏被其他应用打断了；-1311 为 Android Mic 打开成功，但是录不到音频数据；-1312为录屏动态切横竖屏失败；1101 为网络状况不佳，即上行带宽太小，上传数据受阻；1102为网络断连，已启动自动重连；1103 为硬编码启动失败，采用软编码；1104 为视频编码失败；1105 为新美颜软编码启动失败，采用旧的软编码；1106 为新美颜软编码启动失败，采用旧的软编码；3001 为 RTMP-DNS 解析失败；3002 为 RTMP 服务器连接失败；3003为 RTMP 服务器握手失败；3004 为 RTMP 服务器主动断开，请检查推流地址的合法性或防盗链有效期；3005 为 RTMP 读/写失败。

"netstatus"：(String 类型)网络状态通知事件。当推流的网络状态发生变化时触发，事件回调函数参数 event={type:"事件类型，此时为 netstatus"，target:"触发此事件的直播推流控件对象"，detail:{videoBitrate:"视频码率"，audioBitrate:"音频码率"，videoFPS:"视频帧率"，netSpeed:"推流网速"，videoWidth:"视频宽度"，videoHeight:"视频高度"}}。

"error"：(String 类型)渲染错误事件。当推流发生错误是触发，事件回调函数参数 event={type:"事件类型，此时为 error"，target:"触发此事件的直播推流控件对象"，

detail:{code:"错误编码，参考后面错误码说明"，message:"描述信息"}}。其中，code 错误码：1001 为用户禁止使用摄像头；1002 为用户禁止使用录音。

12．VideoPlayerEventCallback

视频播放控件事件监听回调函数的代码如下：

```
void onEvent(event) {
    // Authenticate success code.

}
```

参数：

event：(JSON 类型)可选，事件触发时返回的参数。不同事件返回的参数不一样，详情参考 VideoPlayerEvents 事件说明。

返回值：

void：无。

13．LivePusherEventCallback

视频播放控件事件监听回调函数的代码如下：

```
void onEvent(event) {
    // event code.

}
```

参数：

event：(JSON 类型)可选，事件触发时返回的参数。不同事件返回的参数不一样，详情参考 LivePusherEvents 事件说明。

返回值：

void：无。

二、HTML 拖放 API

一个设置 draggable 属性的值为 true 的 DOM 元素或者一个选中状态的文本区块可以成为拖拽目标。其代码如下：

```
<div draggable="true"></div>
```

一个绑定了放置目标对应的 5 个事件的 DOM 元素可以成为放置目标。

绑定在拖拽目标上的事件：

dragstart：当用户开始拖拽一个元素或者一个文本选取区块时触发。

drag：当用户正在拖拽一个元素或者一个文本选取区块时触发。

dragend：当用户结束拖拽一个元素或者一个文本选取区块时触发。(如放开鼠标按键或按下键盘的 escap 键。)

绑定在放置目标上的事件：

dragenter：当一个元素或文字选取区块被拖曳移动进入一个有效的放置目标时触发。

dragover：当一个元素或文字选取区块被拖曳移动经过一个有效的放置目标时触发。

dragleave：当一个元素或文字选取区块被拖曳移动离开一个有效的放置目标时触发。

dragexist：当一个元素不再是被选取中的拖曳元素时触发。(Firefox 能触发，触发顺序：dragexist→dragleave→drop；Chrome 无法触发。)

drop ：当一个元素或文字选取区块被放置至一个有效的放置目标时触发。

1. DataTransfer 对象

在进行拖放操作时，会触发上面所述的 8 个事件，每个 event 事件对象中都会有 DataTransfer 对象用来保存被拖动的数据。它可以保存一项或多项数据、一种或者多种数据类型。

effectAllowed 用来指定拖动时被允许的效果，可在 dragstart 事件中设置。

属性：

dropEffect：设置实际的放置效果。它应该始终设置成 effectAllowed 的可能值之一，可在 dragenter 事件和 dragover 事件中设置。

files：包含一个在数据传输上所有可用的本地文件列表。如果拖动操作不涉及拖动文件，此属性是一个空列表。

types：保存一个被存储数据的类型列表作为第一项，顺序与被添加数据的顺序一致。如果没有添加数据将返回一个空列表。

items：存储 DataTransferItem 数据对象的列表。

1) addElement()

设置拖动源的代码如下：

```
event.dataTransfer.addElement(element);
```

参数：

element：要设置为拖动源的元素。

返回值：

void：无。

2) setData()

为一个给定的类型设置数据并存储在 items 属性中。其代码如下：

```
event.dataTransfer.setData(type);
```

参数：

type：可选，一个 String 指定要设置的数据类型。如果此参数为空字符串或未提供，则将设置所有类型的数据。

返回值：

void：无。

3）getData()

从 items 属性中获取给定类型的数据，无数据时返回空字符串。其代码如下：

```
event.dataTransfer.getData(type);
```

参数：

type：可选，一个 String 指定要获取的数据类型。如果此参数为空字符串或未提供，则将获取所有类型的数据。

返回值：

void：无。

4）clearData()

从 items 属性中删除与给定类型关联的数据，若类型为空，则删除所有数据。其代码如下：

```
event.dataTransfer.clearData(type);
```

参数：

type：可选，一个 String 指定要删除的数据类型。如果此参数为空字符串或未提供，则将删除所有类型的数据。

返回值：

void：无。

5）setDragImage()

自定义一个期望的拖动时的图片，默认为被拖动的节点。其代码如下：

```
event.dataTransfer.setDragImage(imgElement, offsetX, offsetY);
```

参数：

imgElement：要用作拖动反馈图像元素。

offsetX：图像内的水平偏移量。

offsetY：图像内的垂直偏移量。

返回值：

void：无。

2. DataTransferItemList 对象

属性：

length：数组长度。

1）add()

增加一个拖拽数据对象到 items 属性中，并返回增加的拖拽数据对象。其代码如下：

```
event.dataTransfer.items.add(file);
event.dataTransfer.items.add(data,type);
```

参数：

file：文件对象。在此情况下不需要给定类型。

data：表示拖动项数据的字符串。

type：表示拖动项类型的字符串。类型包括 text/html 和 text/plain。

返回值：DataTransferItem 对象。

2）remove()

从 items 属性中移除指定位置的一个拖拽数据对象。其代码如下：

```
event.dataTransfer.items.remove(index);
```

参数：

index：要移除对象在列表中的序号。

返回值：

void：无。

3）clear()

清空 items 属性中的所拖拽数据对象。其代码如下：

```
event.dataTransfer.items.clear();
```

参数：无。

返回值：

void：无。

3. DataTransferItem 对象

DataTransferItemList 列表中的拖拽数据对象。

属性：

kind：拖拽数据对象类型。

type：MIME 类型的 Unicode 字符串，如 text/plain、text/html 或 image/png。

1）getAsFile()

若拖拽数据对象是文件类型，则返回一个文件对象。其代码如下：

```
let itemList = event.dataTransfer.items;
for (let i = 0, len = itemList.length; i < len; i++) {
    if (itemList[i].kind == "file") {
        console.log(itemList[i].getAsFile());
    }
}
```

2）getAsString()

若拖拽数据对象是文本字符串类型,则通过回调函数获取拖拽数据中的字符串数据。其代码如下：

```
let itemList = event.dataTransfer.items;
for (let i = 0, len = itemList.length; i < len; i++) {
    if (itemList[i].kind == "string") {
        itemList[i].getAsString((data) => {
            console.log(data);
        });
    }
}
```

3）拖放对象的数据存储

存储文本字符串类型数据，代码如下：

```
event.dataTransfer.setData(type, data);
event.dataTransfer.items.add(data, type);
```

存储文件类型数据，代码如下：

```
event.dataTransfer.items.add(file);
```

获取所有文本字符串类型的拖拽数据对象，代码如下：

```
event.dataTransfer.types
```

获取所有文件类型的拖拽数据对象，代码如下：

```
let files = event.dataTransfer.files;
for (let i = 0, len = files.length; i < len; i++) {
    console.log(files[i]);
}
```

```
let itemList = event.dataTransfer.items;
for (let i = 0, len = itemList.length; i < len; i++) {
    if (itemList[i].kind == "file") {
        console.log(itemList[i].getAsFile());
    }
}
```

获取所有文本字符串类型的拖拽数据对象，代码如下：

```
let itemList = event.dataTransfer.items;
for (let i = 0, len = itemList.length; i < len; i++) {
    if (itemList[i].kind == "string") {
        itemList[i].getAsString((data) => {
            console.log(data);
        });
    }
}
```

获取指定文本字符串类型的拖拽数据对象，代码如下：

```
event.dataTransfer.getData(type);
```

删除指定文本字符串类型的拖拽数据对象，代码如下：

```
event.dataTransfer.clearData(type);
```

删除指定位置的拖拽数据对象，代码如下：

```
event.dataTransfer.items.remove(index);
```

清空所有拖拽数据对象，代码如下：

```
event.dataTransfer.clearData();
event.dataTransfer.items.clear();
```

三、HTML Canvas API

1. HTMLCanvasElement 对象

属性：

height：获取或设置画布的高度。

width：获取或设置画布的宽度。

1) getContext()

该方法表示获取\<canvas\>的绘制上下文。其代码如下：

```
var context = canvas.getContext(contextType);
```

参数：

contextType：目前只支持参数"2d"，会创建并返回一个 CanvasRenderingContext2D 对象，主要用来进行 2d 绘制(也就是二维绘制、平面绘制)。

返回值：CanvasRenderingContext2D 对象。

2) toBlob()

此方法可以把 canvas 图像缓存在磁盘上，或者存储在内存中，这个往往由浏览器决定。其代码如下：

```
canvas.toBlob(callback, mimeType, quality);
```

参数：

callbackFunction：方法执行成功后的回调方法，支持一个参数，表示当前转换的 Blob 对象。

mimeType：可选，表示需要转换的图像的 mimeType 类型。默认值是 image/png，还可以是 image/jpeg，甚至 image/webp 等。

quality：可选，表示转换的图片质量，范围是 0 到 1。由于 canvas 的 toBlob()方法转 PNG 是无损的，因此，此参数默认是没有效的，除非指定图片 mimeType 是 image/jpeg 或者 image/webp，此时默认压缩值是 0.92。

返回值：

void：无。

3) toDataURL()

此方法可以返回 canvas 图像对应的 data URI，也就是平常所说的 base64 地址。其代码如下：

```
canvas.toDataURL(mimeType, quality);
```

说明：根据自己的肉眼分辨，如果使用 toDataURL() 的 quality 参数对图片进行压缩，同样的压缩百分比呈现效果要比 Adobe Photoshop 差一些。

参数：

mimeType：可选，表示需要转换的图像的 mimeType 类型。默认值是 image/png，还可以是 image/jpeg，甚至 image/webp 等。

quality：可选，表示转换的图片质量，范围是 0 到 1。此参数要想有效，图片的 mimeType 需要是 image/jpeg 或者 image/webp，其他 mimeType 值无效，此时默认压缩值是 0.92。

返回值：base64 data 图片数据。

2. CanvasRenderingContext2D 对象

属性：

canvas：只读属性，当前 CanvasRenderingContext2D 对象来自哪个 <canvas> 元素。

fillStyle：指定图形填充的样式，默认填充样式是黑色。

可选值：color 使用纯色填充，支持 RGB、HSL、RGBA、HSLA 以及 HEX 色值；gradient 使用渐变填充，可以是线性渐变或者径向渐变；pattern 使用纹理填充。

font：指定文本绘制时的字号字体，默认值是 10px sans-serif。

globalAlpha：设置画布的全局透明度，范围是 0、1，0 表示完全透明，1 表示不透明。

globalCompositeOperation：设置 canvas 图形的混合模式。

lineCap：指定端点线条的样式。

可选值：butt 默认值，线的端点就像是个断头台。例如一条横线，终点 x 坐标是 100，则这条线的最右侧边缘就是 100 这个位置，没有超出。round 线的端点多出一个圆弧。square 线的端点多出一个方框，方框的宽度和线一样宽，高度是线厚度的一半。

lineDashOffset：指定虚线绘制的偏移距离。

lineJoin：指定线转角的样式。

可选值：miter 默认值，转角是尖头。如果折线角度比较小，则尖头会非常长，因此需要 miterLimit 进行限制。round 转角是圆头。bevel 转角是平头。

lineWidth：指定线的宽度。

miterLimit：当 lineJoin 类型是 miter 时，miter 效果生效的限制值。

shadowBlur：指定阴影的模糊程度。默认值是 0，表示不模糊。

shadowColor：指定阴影的颜色。

shadowOffsetX：指定阴影的水平偏移距离。

shadowOffsetY：指定阴影的垂直偏移距离。

strokeStyle：设置描边的样式。

textAlign：在绘制文本时，指定文本的水平对齐方向。

textBaseline：在绘制文本时，指定文本对齐的基线。

1) arc()

该方法表示绘制圆弧。其代码如下：

```
context.arc(x, y, radius, startAngle, endAngle [, anticlockwise]);
```

说明：由于圆本质上就是个封闭圆弧，因此，此方法也可以用来绘制正圆。

参数：

x：(Number 类型)圆弧对应的圆心横坐标。

y：(Number 类型)圆弧对应的圆心纵坐标。

radius：(Number 类型)圆弧的半径大小。

startAngle：(Number 类型)圆弧开始的角度，单位是弧度。

endAngle：(Number 类型)圆弧结束的角度，单位是弧度。

anticlockwise：(可选 Boolean 类型)弧度的开始到结束的绘制是按照顺时针来计算，还是按时逆时针来计算。如果设置为 true，则表示按照逆时针方向从 startAngle 绘制到 endAngle。

返回值：

void：无。

2) arcTo()

该方法表示给路径添加圆弧，需要指定控制点和半径。其代码如下：

```
context.arcTo(x1, y1, x2, y2, radius);
```

说明：此方法经常用来绘制标准圆角。

参数：

x1：(Number 类型)第 1 个控制点的横坐标。

y1：(Number 类型)第 1 个控制点的纵坐标。

x2：(Number 类型)第 2 个控制点的横坐标。

y2：(Number 类型)第 2 个控制点的纵坐标。

radius：(Number 类型)圆弧的半径大小。

返回值：

void：无。

3) beginPath()

该方法表示开始一个新的路径。其代码如下：

```
context.beginPath();
```

说明：开始新的路径后，就会与之前绘制的路径分开。

参数：无。

返回值：

void：无。

4）bezierCurveTo()

该方法表示绘制贝塞尔曲线。其代码如下：

```
context.bezierCurveTo(cp1x, cp1y, cp2x, cp2y, x, y);
```

说明：需要 3 个控制点，前 2 个是控制点，第 3 个是结束点；而起始点是当前路径的最后一个控制点，如果之前并无路径，可以使用 moveTo()作为起始点。

参数：

cp1x：(Number 类型)第 1 个控制点的横坐标。

cp1y：(Number 类型)第 1 个控制点的纵坐标。

cp2x：(Number 类型)第 2 个控制点的横坐标。

cp2y：(Number 类型)第 2 个控制点的纵坐标。

x：(Number 类型)结束点的横坐标。

y：(Number 类型)结束点的纵坐标。

返回值：

void：无。

5）clearRect()

该方法表示把画布中的某一块矩形区域变成透明的。其代码如下：

```
context.clearRect(x, y, width, height);
```

说明：clearRect()在 canvas 动画绘制中常用，不断清除画布内容再绘制，可以形成动画效果，并且此方法的速度比 fillRect()快。

参数：

cp1x：(Number 类型)第 1 个控制点的横坐标。

cp1y：(Number 类型)第 1 个控制点的纵坐标。

cp2x：(Number 类型)第 2 个控制点的横坐标。

cp2y：(Number 类型)第 2 个控制点的纵坐标。

x：(Number 类型)结束点的横坐标。

y：(Number 类型)结束点的纵坐标。

返回值：

void：无。

6) clip()

该方法表示路径裁剪。其代码如下：

```
context.clip();
context.clip(fillRule);
context.clip(path, fillRule);
```

说明：先绘制裁剪路径，再绘制的内容就会在这个裁剪路径中呈现。

参数：

fillRule：(String 类型)填充规则，用来确定一个点是在路径内还是路径外。可选值：nonzero 为非零规则，此乃默认规则；evenodd 为奇偶规则。

path：(Object 类型)指 Path2D 对象。

返回值：

void：无。

7) closePath()

该方法表示闭合路径。其代码如下：

```
context.closePath();
```

说明：此方法会把路径最后位置和开始点直线相连，形成闭合区域。

参数：无。

返回值：

void：无。

8) createImageData()

该方法表示创建一个全新的、空的 ImageData 对象。其代码如下：

```
context.createImageData(width, height);
context.createImageData(imagedata);
```

说明：该对象中的所有像素信息都是透明黑。

参数：

width：(Number 类型)ImageData 对象包含的 width 值。如果 ImageData 对象转换成图像，则此 width 也是最终图像呈现的宽度。

height：(Number 类型)ImageData 对象包含的 height 值。如果 ImageData 对象转换成图像，则此 height 也是最终图像呈现的高度。

imagedata：(Object 类型)一个存在的 ImageData 对象，只会使用该 ImageData 对象中的 width 和 height 值，包含的像素信息会全部转换为透明黑。

返回值：

void：无。

9) createLinearGradient()

该方法表示创建线性渐变对象。其代码如下：

```
context.createLinearGradient(x0, y0, x1, y1);
```

说明：如果渐变坐标在 canvas 外部，也只会显示画布内的渐变效果。

参数：

x0：(Number 类型)渐变起始点横坐标。

y0：(Number 类型)渐变起始点纵坐标。

x1：(Number 类型)渐变结束点横坐标。

y1：(Number 类型)渐变结束点纵坐标。

返回值：

void：无。

10) createPattern()

该方法表示创建图案对象。其代码如下：

```
context.createPattern(image, repetition);
```

参数：

image：(Object 类型)用来平铺的 CanvasImageSource 图像。该参数可以是下面的类型：

HTMLImageElement，也就是<img>元素；

HTMLVideoElement，也就是<video>元素，如捕获摄像头视频产生的图像信息；

HTMLCanvasElement；

CanvasRenderingContext2D；

ImageBitmap；

ImageData；

Blob。

repetition：(String 类型)图案的平铺方式。该参数可以是下面的值：

'repeat'：水平和垂直平铺。当 repetition 属性值为空字符串 ' ' 或者 null 时，也会按照'repeat'进行渲染。

'repeat-x'：仅水平平铺。

'repeat-y'：仅垂直平铺。

'no-repeat'：不平铺。

返回值：CanvasPattern 对象。

11) createRadialGradient()

该方法表示创建径向渐变。其代码如下：

```
context.createRadialGradient(x0, y0, r0, x1, y1, r1);
```

说明：和 CSS3 的径向渐变不同，在 canvas 中，径向渐变的起始点由两个圆环坐标构成，而非点坐标。

参数：

x0：(Number 类型)起始圆的横坐标。

y0：(Number 类型)起始圆的纵坐标。

r0：(Number 类型)起始圆的半径。

x1：(Number 类型)结束圆的横坐标。

y1：(Number 类型)结束圆的纵坐标。

r1：(Number 类型)结束圆的半径。

返回值：CanvasPattern 对象。

12) drawFocusIfNeeded()

该方法表示如果指定元素处于 focus 状态，则让当前路径或者指定路径轮廓高亮。其代码如下：

```
context.drawFocusIfNeeded(element);
context.drawFocusIfNeeded(path, element);
```

参数：

element：(Object 类型)用来检测当前是否处于 focus 状态的元素。此元素需要原本就是可聚焦的元素，如按钮或者链接或者输入框等。然后，还需要放置在<canvas>标签中才有用。

path：(Object 类型)指 Path2D 对象。

返回值：

void：无。

13) drawImage()

该方法表示绘制图片。其代码如下：

```
context.drawImage(image, dx, dy);
context.drawImage(image, dx, dy, dWidth, dHeight);
context.drawImage(image, sx, sy, sWidth, sHeight, dx, dy, dWidth, dHeight);
```

说明：这是非常重要的一个方法。canvas 的很多 API 效果使用其他 Web 技术也能实现，但是对于很多图像相关的处理，如图像压缩、水印合成、像素操作等必须使用此方法。

参数：

image：(Object 类型)绘制在 canvas 上的元素，可以是各类 canvas 图片资源(见 CanvasImageSource)，如<img>图片、SVG 图像、canvas 元素本身等。

dx：(Number 类型)在 canvas 画布上规划一片区域用来放置图片，dx 就是这片区域的左上角横坐标。

dy：(Number 类型)在 canvas 画布上规划一片区域用来放置图片，dy 就是这片区域的左上角纵坐标。

dWidth：(Number 类型)在 canvas 画布上规划一片区域用来放置图片，dWidth 就是这片区域的宽度。

dHeight：(Number 类型)在 canvas 画布上规划一片区域用来放置图片，dHeight 就是这片区域的高度。

sx：(Number 类型)表示图片元素绘制在 canvas 画布上起始横坐标。

sy：(Number 类型)表示图片元素绘制在 canvas 画布上起始纵坐标。

sWidth：(Number 类型)表示图片元素从坐标点开始计算，多大的宽度内容绘制在 canvas 画布上。

sHeight：(Number 类型)表示图片元素从坐标点开始计算，多大的高度内容绘制在 canvas 画布上。

返回值：

void：无。

14) ellipse()

该方法表示绘制椭圆。其代码如下

```
context.ellipse(x, y, radiusX, radiusY, rotation, startAngle, endAngle, anticlockwise);
```

说明：无。

参数：

x：(Number 类型)椭圆弧对应的圆心横坐标。

y：(Number 类型)椭圆弧对应的圆心纵坐标。

radiusX：(Number 类型)椭圆弧的长轴半径大小。

radiusY：(Number 类型)椭圆弧的短轴半径大小。

rotation：(Number 类型)椭圆弧的旋转角度，单位是弧度。

startAngle：(Number 类型)圆弧开始的角度，角度从横轴开始计算，单位是弧度。

endAngle：(Number 类型)圆弧结束的角度，单位是弧度。

anticlockwise：(可选 Boolean 类型)弧度的开始到结束的绘制是按照顺时针来计算，还是按时逆时针来计算。如果设置为 true，则表示按照逆时针方向从 startAngle 绘制到 endAngle。

返回值：

void：无。

15) fill()

该方法表示填充路径。其代码如下：

```
context.fill();
context.fill(fillRule);
context.fill(path, fillRule);
```

说明：无。

参数：

fillRule：(String 类型)填充规则，用来确定一个点是在路径内还是路径外。可选值：nonzero 为非零规则，此乃默认规则；evenodd 为奇偶规则。

path：(Object 类型)指 Path2D 对象。

返回值：

void：无。

16) fillRect()

该方法表示填充矩形。其代码如下：

```
context.fillRect(x, y, width, height);
```

说明：无。

参数：

x：(Number 类型)填充矩形的起点横坐标。

y：(Number 类型)填充矩形的起点纵坐标。

width：(Number 类型)填充矩形的宽度。

height：(Number 类型)填充矩形的高度。

返回值：

void：无。

17) fillText()

该方法表示填充文字。其代码如下：

```
context.fillText(text, x, y [, maxWidth]);
```

说明：此方法是 canvas 绘制文本的主要方法。

参数：

Text：(String 类型)用来填充的文本信息。

x：(Number 类型)填充文本的起点横坐标。

y：(Number 类型)填充文本的起点纵坐标。

maxWidth：(可选 Number 类型)填充文本的最大宽度。当文本宽度超过此最大宽度时，通过压缩每个文本宽度进行适合，而非换行。

返回值：

void：无。

18) getImageData()

该方法表示返回一个 ImageData 对象，其中包含 canvas 画布部分或完整的像素点信息。其代码如下：

```
context.getImageData(sx, sy, sWidth, sHeight);
```

说明：此方法可能会出现 CORS 跨域报错。

参数：

sx：(Number 类型)需要返回的图像数据区域的起始横坐标。

sy：(Number 类型)需要返回的图像数据区域的起始纵坐标。

sWidth：(Number 类型)需要返回的图像数据区域的宽度。

sHeight：(Number 类型)需要返回的图像数据区域的高度。

返回值：ImageData 对象。

19) getLineDash()

该方法表示获取当前虚线的样式。其代码如下：

```
context.getLineDash();
```

说明：无。

参数：无。

返回值：

void：无。

20) isPointInPath()

该方法用来检测某个点是否在当前路径中。其代码如下：

```
context.isPointInPath(x, y);
context.isPointInPath(x, y, fillRule);
```

```
// 下面语法 IE 不支持
context.isPointInPath(path, x, y);
context.isPointInPath(path, x, y, fillRule);
```

说明：每次执行 beginPath()方法，检测路径就会变成当前这次 beginPath()方法绘制的路径，原来的路径不会参与检测。

参数：

x：(Number 类型)用来检测的点的横坐标。

y：(Number 类型)用来检测的点的纵坐标。

fillRule：(String 类型)填充规则，用来确定一个点是在路径内还是路径外。可选值：nonzero 为非零规则，此乃默认规则；evenodd 为奇偶规则。

返回值：Boolean 值。

21）isPointInStroke()

该方法用来检测对应的点是否在描边路径上。其代码如下：

```
context.isPointInStroke(x, y);
context.isPointInStroke(path, x, y);
```

说明：每次执行 beginPath()方法，检测路径就会变成当前这次 beginPath()方法绘制的路径，原来的路径不会参与检测。

参数：

x：(Number 类型)用来检测的点的横坐标。

y：(Number 类型)用来检测的点的纵坐标。

path：(Object 类型)指 Path2D 对象。

返回值：Boolean 值。

22）lineTo()

该方法用来绘制直线以连接当前最后的子路径点和 lineTo()指定的点。其代码如下：

```
context.lineTo(x, y);
```

说明：无。

参数：

x：(Number 类型)绘制直线的落点的横坐标。

y：(Number 类型)绘制直线的落点的纵坐标。

返回值：

void：无。

23)　measureText()

该方法用来测量文本的一些数据，返回 TextMetrics 对象，包含字符宽度等信息。其代码如下：

```
context.measureText(text)
```

说明：此方法是文本自动换行的核心所在，返回的字符宽度值非常精准。

参数：

text：(String 类型)被测量的文本。

返回值：TextMetrics 对象。

24)　moveTo()

该方法表示绘制路径的点移动到新位置。其代码如下：

```
context.moveTo(x, y);
```

说明：移动到的点通常是路径绘制的起始点。

参数：

X：(Number 类型)落点的横坐标。

y：(Number 类型)落点的纵坐标。

返回值：

void：无。

25)　putImageData()

该方法表示将给定 ImageData 对象的数据绘制到位图上。其代码如下：

```
context.putImageData(imagedata, dx, dy);
context.putImageData(imagedata, dx, dy, dirtyX, dirtyY, dirtyWidth, dirtyHeight);
```

说明：此方法不受画布变换矩阵的影响。

参数：

imagedata：(Object 类型)包含图像像素信息的 ImageData 对象。

dx：(Number 类型)目标 canvas 中被图像数据替换的起点横坐标。

dy：(Number 类型)目标 canvas 中被图像数据替换的起点纵坐标。

dirtyX：(可选 Number 类型)图像数据渲染区域的左上角横坐标。默认值是 0。

dirtyY：(可选 Number 类型)图像数据渲染区域的左上角纵坐标。默认值是 0。

dirtyWidth：(可选 Number 类型)图像数据渲染区域的宽度。默认值是 imagedata 图像的宽度。

dirtyHeight：(可选 Number 类型)图像数据渲染区域的高度。默认值是 imagedata 图像的高度。

返回值：

void：无。

26) quadraticCurveTo()

该方法用来绘制二次贝塞尔曲线。其代码如下：

```
context.quadraticCurveTo(cpx, cpy, x, y);
```

说明：相比贝塞尔曲线绘制方法 bezierCurveTo()，此方法少了一个控制点。

参数：

cpx：(Number 类型)控制点的横坐标。

cpy：(Number 类型)控制点的纵坐标。

x：(Number 类型)结束点的横坐标。

y：(Number 类型)结束点的纵坐标。

返回值：

void：无。

27) rect()

该方法用来绘制矩形路径。其代码如下：

```
context.rect(x, y, width, height);
```

说明：rect()绘制出来的仅仅是路径，和 arc()、ellipse()方法是一样的，不仅需要填充，还需要执行 fill()方法；如果要描边，还需要执行 stroke()方法。实际上，对于矩形，填充和描边有现成的方法，而这个是矩形独有的，即 fillRect()和 strokeRect()。

参数：

x：(Number 类型)矩形路径的起点横坐标。

y：(Number 类型)矩形路径的起点纵坐标。

width：(Number 类型)矩形的宽度。

height：(Number 类型)矩形的高度。

返回值：

void：无。

28) restore()

该方法表示弹出存储的 canvas 状态。其代码如下：

```
context.restore();
```

说明：依次从堆栈的上方弹出存储的 canvas 状态，如果没有任何存储的状态，则执行此方法不会发生任何变化。

canvas 状态的存储使用的是 save()方法。

参数：无。

返回值：

void：无。

29) rotate()

该方法用来添加旋转矩阵。其代码如下：

```
context.rotate(angle);
```

说明：默认旋转中心点是 canvas 的左上角(0，0)坐标点。如果希望改变旋转中心点，例如以 canvas 画布的中心旋转，需要先使用 translate()位移旋转中心点。

角度转弧度计算公式是：radian = degree × Math.PI / 180。例如，旋转 45°，旋转弧度就是 45 × Math.PI / 180。

注意：此旋转和 CSS3 的旋转变换不一样，旋转的是坐标系，而非元素。因此，实际开发的时候，旋转完毕，需要将坐标系再还原。

参数：

angle：(Number 类型)canvas 画布坐标系旋转的角度，顺时针方向，单位是弧度。

返回值：

void：无。

30) save()

该方法用来保存当前 canvas 画布状态并放在栈的最上面。其代码如下：

```
context.save();
```

说明：保存当前 canvas 画布状态并放在栈的最上面，可以使用 restore()方法依次取出。

绘图效果本身不会被保存，保存的知识绘图状态包括当前矩阵变换(参见 transform()等)、当前剪裁区域(参见 clip())、当前虚线设置(参见 setLineDash())，以及下面这些属性的值：strokeStyle，fillStyle，globalAlpha，lineWidth，lineCap，lineJoin，miterLimit，lineDashOffset，shadowOffsetX，shadowOffsetY，shadowBlur，shadowColor，globalCompositeOperation，font，textAlign，textBaseline。

参数：无。

返回值：

void：无。

31) scale()

缩放 canvas 画布的坐标系。其代码如下：

```
context.scale(x, y);
```

说明：只是影响坐标系，之后的绘制会受此方法影响，但之前已经绘制好的效果不会有任何变化。

默认缩放中心点是 canvas 的左上角(0，0)坐标点，如果希望改变缩放中心点，需要先使用 translate()方法进行位移。此缩放支持负数，也支持小数。

参数：

x：(Number 类型)canvas 坐标系水平缩放的比例。支持小数，如果值是 -1，表示水平翻转。

y：(Number 类型)canvas 坐标系垂直缩放的比例。支持小数，如果值是 -1，表示垂直翻转。

返回值：

void：无。

32) setLineDash()

该方法用来设置虚线样式。其代码如下：

```
ctx.setLineDash(segments);
```

说明：无。

参数：

segments：(Array 类型)数值列表数组。例如[5，5]，表示虚线的实线和透明部分长度是 5 像素和 5 像素。如果此参数值适合空数组[]，则表示实线，常用来重置虚线设置。

返回值：

void：无。

33) setTransform()

该方法表示通过矩阵变换重置当前的坐标系。其代码如下：

```
context.setTransform(a, b, c, d, e, f);
```

说明：此方法和 transform()方法的区别在于，后者不会完全重置已有的变换，而是累加。

参数：

a：(Number 类型)水平缩放。

b：(Number 类型)水平斜切。

c：(Number 类型)垂直斜切。

d：(Number 类型)垂直缩放。

e：(Number 类型)水平位移。

f：(Number 类型)垂直位移。

a~f 这两个参数对应的变换矩阵描述为

$$\begin{bmatrix} a & c & e \\ b & d & f \\ 0 & 0 & 1 \end{bmatrix}$$

返回值：

void：无。

34）stroke()

该方法用来对路径进行描边。其代码如下：

```
context.stroke();
context.stroke(path);
```

说明：无。

参数：

path：(Object 类型)指 Path2D 对象。IE 浏览器不支持该参数。

返回值：

void：无。

35）strokeRect()

该方法表示矩形描边。其代码如下：

```
context.strokeRect(x, y, width, height);
```

说明：无。

参数：

x：(Number 类型)描边矩形的起点横坐标。

y：(Number 类型)描边矩形的起点纵坐标。

width：(Number 类型)描边矩形的宽度。

height：(Number 类型)描边矩形的高度。

返回值：

void：无。

36）strokeText()

该方法用来实现文本描边效果。其代码如下：

```
context.strokeText(text, x, y [, maxWidth]);
```

说明：无。

参数：

text：(String 类型)用来描边的文本信息。

x：(Number 类型)描边文本的起点横坐标。

y：(Number 类型)描边文本的起点纵坐标。

maxWidth：(可选 Number 类型)填充文本的最大宽度。当文本宽度超过此最大宽度时，通过压缩每个文本宽度进行适合，而非换行。

返回值：

void：无。

37) transform()

该方法用来实现缩放、旋转、拉伸或位移等变换。其代码如下：

```
context.transform(a, b, c, d, e, f);
```

说明：此方法和 setTransform()方法的区别在于，后者一旦执行会完全重置已有的变换，而 transform()方法则是累加。

参数：

a：(Number 类型)水平缩放。

b：(Number 类型)水平斜切。

c：(Number 类型)垂直斜切。

d：(Number 类型)垂直缩放。

e：(Number 类型)水平位移。

f：(Number 类型)垂直位移。

a~f 这两个参数对应的变换矩阵描述为

$$\begin{bmatrix} a & c & e \\ b & d & f \\ 0 & 0 & 1 \end{bmatrix}$$

返回值：

void：无。

38) translate()

该方法对 canvas 坐标系进行整体位移。其代码如下：

```
context.translate(x, y);
```

说明：实际开发过程中，常用来改变其他变换方法的变换中心点。

参数：

x：(Number 类型)坐标系水平位移的距离。

y：(Number 类型)坐标系垂直位移的距离。

返回值：

void：无。

四、HTML IndexedDB API

1. IndexedDB 对象

1) open()

该方法表示打开数据库。其代码如下：

```
indexedDB.open(name, version);
```

说明：这是一个异步操作，但是会立刻返回一个 IDBOpenDBRequest 对象。

参数：

name：(String 类型)要打开或者创建的数据库名称。

version：(可选 Number 类型)数据库的版本。

返回值：IDBOpenDBRequest 对象。

2) deleteDatabase()

该方法表示删除数据库。其代码如下：

```
indexedDB.deleteDatabase(name)
```

说明：它会立刻返回一个 IDBOpenDBRequest 对象，然后对数据库执行异步删除。删除操作的结果会通过事件通知，IDBOpenDBRequest 对象可以监听事件。

参数：

name：(String 类型)要删除的数据库名称。

返回值：IDBOpenDBRequest 对象。

2. IDBRequest 对象

表示打开的数据库连接，indexedDB.open()方法和 indexedDB.deleteDatabase()方法会返回这个对象。数据库的操作都是通过这个对象来完成的。

这个对象的所有操作都是异步操作，要通过 readyState 属性判断是否完成。如果为 pending，则就表示操作正在进行；如果为 done，则就表示操作完成，可能成功也可能失败。

操作完成以后，触发 success 事件或 error 事件，这时可以通过 result 属性和 error 属性拿到操作结果。如果在 pending 阶段，就去读取这两个属性，是会报错的。

属性：

readyState：等于 pending 表示操作正在进行，等于 done 表示操作正在完成。

result：返回请求的结果。如果请求失败，结果不可用，读取该属性会报错。

error：请求失败时，返回错误对象。

source：返回请求的来源(比如索引对象或 ObjectStore)。

transaction：返回当前请求正在进行的事务，如果不包含事务，返回 null。

onsuccess：指定 success 事件的监听函数。

onerror：指定 error 事件的监听函数。

事件监听属性：

onblocked：指定 blocked 事件(upgradeneeded 事件触发时，数据库仍然在使用)的监听函数。

onupgradeneeded：upgradeneeded 事件的监听函数。

3. IDBOpenDBRequest 对象

IDBOpenDBRequest 对象继承了 IDBRequest 对象，提供了两个额外的事件监听属性。

事件监听属性：

onblocked：指定 blocked 事件(upgradeneeded 事件触发时，数据库仍然在使用)的监听函数。

onupgradeneeded：upgradeneeded 事件的监听函数。

4. IDBDatabase 对象

属性：

name：字符串，数据库名称。

version：整数，数据库版本。数据库第一次创建时，该属性为空字符串。

objectStoreNames：DOMStringList 对象(字符串的集合)，包含当前数据的所有 objectStore 的名字。

onabort：指定 abort 事件(事务中止)的监听函数。

onclose：指定 close 事件(数据库意外关闭)的监听函数。

onerror：指定 error 事件(访问数据库失败)的监听函数。

onversionchange：数据库版本变化时触发(发生 upgradeneeded 事件，或调用 indexedDB.deleteDatabase())。

1) close()

该方法用来关闭数据库连接，实际会等所有事务完成后再关闭。其代码如下：

```
IDBDatabase .close();
```

说明：在完成使用此连接创建的所有事务之前，实际上不会关闭连接。调用此方法后，无法为此连接创建新事务。如果关闭操作处于挂起状态，则创建事务的方法会抛出异常。

参数：无。

返回值：

void：无。

2) createObjectStore()

该方法用来创建存放数据的对象库，类似于传统关系型数据库的表格，返回一个 IDBObjectStore 对象。该方法只能在 versionchange 事件监听函数中调用。其代码如下：

```
IDBDatabase .createObjectStore(name);
IDBDatabase .createObjectStore(name，options);
```

说明：该方法采用对象库的名称以及允许自定义重要可选属性的参数对象。您可以使用该属性唯一标识对象库中的各个对象。由于属性是标识符，因此它应该对每个对象都是唯一的，并且每个对象都应该具有该属性。

参数：

name：(String 类型)要创建的新对象库的名称，可以使用空名称创建对象库。

optionalParameters：可选，一个 options 对象，其属性是该方法的可选参数。

返回值：IDBObjectStore 对象。

3) deleteObjectStore()

该方法用来删除指定的对象库，它只能在 versionchange 事件监听函数中调用。其代码如下：

```
dbInstance .deleteObjectStore(name);
```

说明：无。

参数：

name：(String 类型)要删除的对象库的名称。

返回值：

void：无。

4) transaction()

该方法表示立即返回包含该方法的事务对象。其代码如下：

```
IDBDatabase .transaction(storeNames);
IDBDatabase .transaction(storeNames,mode);
```

说明：无。

参数：

storeNames：(String 类型)需要访问的对象库。

mode：可选，可以在事务中执行的访问类型。

返回值：IDBTransaction 对象。

5. IDBObjectStore 对象

属性：

indexNames：只读，此对象库中对象的索引名称列表。

keyPath：只读，此对象库的关键路径。如果此属性为 null，则应用程序必须为每个修改操作提供密钥。

name：此对象库的名称。

transaction：只读，此对象库所属的事务对象。

autoIncrement：只读，此对象库的自动增量标识值。

1) add()

该方法表示向对象库添加新记录。其代码如下：

```
var request = objectStore.add(value);
var request = objectStore.add(value,key);
```

说明：add()方法是一种仅插入方法。如果对象存储中已存在以参数作为其键的记录，则会对返回的请求对象触发错误事件。

参数：

value：(String 类型)要存储的值。

key：可选，用于识别记录的关键。如果未指定，则结果为 null。

返回值：IDBRequest 对象。

2) clear()

该方法表示从对象库中删除所有当前数据。其代码如下：

```
objectStore.clear();
```

说明：此方法创建并立即返回一个 IDBRequest 对象，并在单独的线程中清除此对象库。

参数：

value：(String 类型)要存储的值。

key：(可选)用于识别记录的关键。如果未指定，则结果为 null。

返回值：IDBRequest 对象。

3) count()

该方法表示返回一个 IDBRequest 对象，并在一个单独的线程中返回与提供的键或匹配的记录总数 IDBKeyRange。其代码如下：

```
var request= ObjectStore.count();
var request= ObjectStore.count(query);
```

说明：如果未提供参数，则返回商店中的记录总数。

参数：

query：用于指定要计算的记录范围的键或对象。

返回值：IDBRequest 对象。

4) createIndex()

该方法用来创建一个新的字段/列，为要包含的每个数据库记录定义一个新的数据点。其代码如下：

```
objectStore.createIndex(indexName,keyPath);
objectStore.createIndex(indexName,keyPath,objectParameters);
```

说明：IndexedDB 索引可以包含任何 JavaScript 数据类型；IndexedDB 使用结构化克隆算法来序列化存储的对象，从而允许存储简单和复杂的对象。仅从 VersionChange 事务模式回调中调用此方法。

参数：

indexName：要创建的索引的名称，可以使用空名称创建索引。

keyPath：索引使用的关键路径。请注意，可以使用空创建索引 keyPath，也可以将序列(数组)作为 a 传递 keyPath。

objectParameters：可选，一个 IDBIndexParameters 对象。

返回值：IDBIndex 对象。

5) delete()

该方法用来删除指定的一个或多个记录。其代码如下：

```
var request = objectStore.delete(Key);
```

说明：返回一个 IDBRequest 对象，并在一个单独的线程中删除指定的一个或多个记录。

参数：

key：要删除的记录的键，或者删除键范围内的所有记录。

返回值：IDBRequest 对象。

6）deleteIndex()

该方法表示在连接的数据库中删除具有指定名称的索引。其代码如下：

```
objectStore.deleteIndex(indexName);
```

说明：必须仅从 VersionChange 事务模式回调中调用此方法。此方法同步修改 IDBObjectStore.indexNames 属性。

参数：

key：要删除的记录的键，或者删除键范围内的所有记录。

返回值：

void：无。

7）get()

该方法表示从对象库中检索特定记录。其代码如下：

```
objectStore.get(key);
```

说明：必须仅从 VersionChange 事务模式回调中调用此方法。此方法同步修改 IDBObjectStore.indexNames 属性。

参数：

key：标识要检索的记录的键或键范围。

返回值：IDBRequest 对象。

8）getAll()

该方法用来获取对象库的记录。其代码如下：

```
objectStore.getAll();
objectStore.getAll(query);
objectStore.getAll(query，count);
```

说明：必须仅从 VersionChange 事务模式回调中调用此方法。此方法同步修改 IDBObjectStore.indexNames 属性。

参数：

query：可选，IDBKeyRange 查询语句。

count：可选，指定在找到多个值时要返回的值的数量。如果是低于 0 或大于 1，则会抛出异常。

返回值：IDBRequest 对象。

9) getAllKeys()

该方法表示返回 IDBRequest 对象检索与指定参数匹配的对象库中的所有对象或对象库中的所有对象的记录键。其代码如下：

```
objectStore. getAllKeys();
objectStore. getAllKeys(query);
objectStore. getAllKeys(query，count);
```

说明：无。

参数：

query：可选，IDBKeyRange 查询语句。

count：可选，指定在找到多个值时要返回的值的数量。如果是低于 0 或大于 1，则会抛出异常。

返回值：IDBRequest 对象。

10) getKey()

该方法表示从对象库中检索特定记录。其代码如下：

```
objectStore.getKey(key);
```

说明：无。

参数：

key：标识要检索的记录的键或键范围。

返回值：IDBRequest 对象。

11) index()

该方法表示返回指定名称的索引对象 IDBIndex。其代码如下：

```
objectStore.index(name);
```

说明：无。

参数：

name：要打开的索引的名称。

返回值：IDBIndex 对象。

12) openCursor()

该方法用来获取一个指针对象。其代码如下：

```
IDBObjectStore.openCursor();
IDBObjectStore.openCursor(query);
IDBObjectStore.openCursor(query,direction);
```

说明：无。

参数：

query：可选，IDBKeyRange 查询语句。

direction：可选，光标前往哪个方向移动。其有效值是 "next"、"nextunique"、"prev" 和 "prevunique"，默认值是 "next"。

返回值：IDBRequest 对象。

13) openKeyCursor()

该方法用来获取一个主键指针对象。其代码如下：

```
IDBObjectStore.openKeyCursor();
IDBObjectStore.openKeyCursor(query);
IDBObjectStore.openKeyCursor(query,direction);
```

说明：要确定添加操作是否已成功完成，请监听结果的 success 事件。

参数：

query：可选，IDBKeyRange 查询语句。

direction：可选，光标前往哪个方向移动。其有效值是"next"、"nextunique"、"prev" 和"prevunique"，默认值是"next"。

返回值：IDBRequest 对象。

14) put()

该方法表示更新或插入指定记录。其代码如下：

```
objectStore.put(item);
objectStore.put(item,key);
```

说明：更新数据库中的给定记录，或者如果给定的项目尚不存在则插入新记录。

参数：

item：要更新或插入的项目。

key：可选，要更新的记录的主键。

返回值：IDBRequest 对象。

6. IDBTransaction 对象

IDBTransaction 对象使用异步操作数据库事务，所有的读写操作都要通过这个对象进行。

属性：

db：返回当前事务所在的数据库对象 IDBDatabase。

error：返回当前事务的错误。如果事务没有结束，或者事务成功结束，或者被手动终止，该方法返回 null。

mode：返回当前事务的模式，默认是 readonly(只读)，另一个是 readwrite(读写)。

objectStoreNames：返回一个类似数组的对象 DOMStringList，成员是当前事务涉及的对象库的名字。

onabort：指定 abort 事件(事务中断)的监听函数。

oncomplete：指定 complete 事件(事务成功)的监听函数。

onerror：指定 error 事件(事务失败)的监听函数。

1) abort()

该方法表示终止当前事务，回滚所有已经进行的变更。其代码如下：

```
transaction.abort();
```

说明：IDBRequest 在此事务期间创建的所有挂起对象的 IDBRequest.error 属性都设置为 AbortError。

参数：无。

返回值：无。

2) objectStore()

该方法表示返回已添加到此事务范围的对象库。其代码如下：

```
IDBTransaction.objectStore(name);
```

说明：在具有相同名称的同一事务对象上对此方法的每次调用都返回相同的 IDBObjectStore 实例。如果在不同的事务对象上调用此方法，IDBObjectStore 则返回不同的实例。

参数：

name：请求的对象库的名称。

返回值：IDBObjectStore 对象。

7. IDBIndex 对象

表示数据库的索引，通过这个对象可以获取数据库里面的记录。

属性：

isAutoLocale：只读，返回一个 Boolean 指示索引在创建时是否具有指定 locale 值的值 auto(请参阅 createIndex()的 optionalParameters)。

locale：只读，返回索引的语言环境(如 en-US 或者 pl)。如果 locale 在创建时指定了值，则请参阅 createIndex()的 optionalParameters。

name：此索引的名称。

objectStore：只读，此索引引用的对象库的名称。

keyPath：只读，这个索引的关键路径。如果为 null，则不会自动填充此索引。

multiEntry：只读，当评估索引的键路径的结果产生数组时，会影响索引的行为方式。如果为 true，则键的数组中的每个项目的索引中都有一条记录；如果为 false，则每个键的数组都有一条记录。

unique：只读，如果为 true，则此索引不允许键的重复值。

1) count()

该方法用来获取记录条数。其代码如下：

```
myIndex.count();
myIndex.count(key);
```

说明：可以接受主键或 KeyRange 对象作为参数，这时只返回符合主键的记录数量，否则返回所有记录的数量。

参数：

key：用于标识要计数的记录的键或键范围。

返回值：IDBRequest 对象。

2) get()

该方法用来获取符合指定主键的数据记录。其代码如下：

```
myIndex.get(key);
```

说明：可以接受主键或 KeyRange 对象作为参数，这时只返回符合主键的记录数量，否则返回所有记录的数量。

参数：

key：可选，一个键或 IDBKeyRange 标识要检索的记录。如果此值为 null 或缺失，则浏览器将使用未绑定的键范围。

返回值：IDBRequest 对象。

3) getAll()

该方法用来获取所有的数据记录。其代码如下：

```
IDBIndex .getAll();
IDBIndex .getAll(query);
IDBIndex .getAll(query,count);
```

说明：可以接收主键或 KeyRange 对象作为参数，这时只返回符合主键的记录数量，否则返回所有记录的数量。

参数：

query：可选，密钥或 IDBKeyRange 标识要检索的记录。如果此值为 null 或缺失，则浏览器将使用未绑定的键范围。

count：可选，要返回的号码记录。

返回值：IDBRequest 对象。

4）getAllKeys()

该方法用来获取所有主键。其代码如下：

```
IDBIndex.getAllKeys();
IDBIndex.getAllKeys(query);
IDBIndex.getAllKeys(query,count);
```

说明：无。

参数：

query：可选，密钥或 IDBKeyRange 标识要检索的记录。如果此值为 null 或缺失，则浏览器将使用未绑定的键范围。

count：可选，要返回的号码记录。

返回值：IDBRequest 对象。

5）getKey()

该方法用来获取指定的主键。其代码如下：

```
myIndex.getKey(key);
```

说明：无。

参数：

key：可选，一个键或 IDBKeyRange 标识要检索的记录。如果此值为 null 或缺失，则浏览器将使用未绑定的键范围。

返回值：IDBRequest 对象。

6）openCursor()

该方法表示获取一个 IDBCursor 对象，用来遍历索引里面的所有条目。其代码如下：

```
myIndex .openCursor();
myIndex .openCursor(range);
myIndex .openCursor(range,direction);
```

说明：该方法根据指定的方向将光标的位置设置为适当的记录。

参数：

range：可选，一键或 IDBKeyRange 用作光标的范围。如果未传递任何内容，则默认为选择此对象库中所有记录的键范围。

direction：可选，光标的方向。有关可能的值，请参阅 IDBCursor 常量。

返回值：IDBRequest 对象。

7) openKeyCursor()

该方法用来遍历所有条目的主键。其代码如下：

```
myIndex .openKeyCursor();
myIndex .openKeyCursor(range);
myIndex .openKeyCursor(range,direction);
```

说明：该方法根据指定的方向将光标的位置设置为适当的记录。

参数：

range：可选，一键或 IDBKeyRange 用作光标的范围。如果未传递任何内容，则默认为选择此对象库中所有记录的键范围。

direction：可选，光标的方向。有关可能的值，请参阅 IDBCursor 常量。

返回值：IDBRequest 对象。

8. IDBCursor 对象

表示指针对象，用来遍历数据仓库(IDBObjectStore)或索引(IDBIndex)的记录。

属性：

source：返回正在遍历的对象仓库或索引。

direction：字符串，表示指针遍历的方向。其共有 4 个可能的值：next(从头开始向后遍历)、nextunique(从头开始向后遍历，重复的值只遍历一次)、prev(从尾部开始向前遍历)、prevunique(从尾部开始向前遍历，重复的值只遍历一次)。该属性通过 IDBObjectStore.openCursor()方法的第二个参数指定，一旦指定就不能改变。

key：返回当前记录的主键。

value：返回当前记录的数据值。

primaryKey：返回当前记录的主键。对于数据仓库，这个属性等同于 IDBCursor.key；对于索引，IDBCursor.key 返回索引的位置值，该属性返回数据记录的主键。

1) advance()

该方法表示指针向前移动。其代码如下：

```
cursor.advance(count);
```

说明：设置光标向前移动其位置的次数。

参数：

count：向前移动光标的次数。

返回值：

void：无。

2) continue()

该方法表示指针向前移动一个位置。其代码如下：

```
cursor.continue(key);
```

说明：此方法将光标沿其方向前进到下一个位置，使其键与可选键参数匹配。如果未指定任何键，则光标将根据其方向前进到下一个位置。

参数：

key：将光标定位在的键。

返回值：

void：无。

3) continuePrimaryKey()

该方法表示将指针移到符合参数的位置。其代码如下：

```
cursor.continuePrimaryKey(key,primaryKey);
```

说明：此方法将光标前进到其键与键参数匹配的项以及其主键与主键参数匹配的项。

参数：

key：将光标定位在的键。

primaryKey：将光标定位在的主键。

返回值：

void：无。

4) delete()

该方法表示删除当前位置的记录。其代码如下：

```
myIDBCursor.delete();
```

说明：此方法返回一个 IDBRequest 对象，并在一个单独的线程中删除光标位置的记录，而不更改光标的位置。删除记录后，光标的值将设置为 null。

参数：无。

返回值：

void：无。

5) update()

该方法表示更新当前位置的记录。其代码如下：

```
myIDBCursor.update(value);
```

说明：此方法返回一个 IDBRequest 对象，并在一个单独的线程中更新对象存储中光标当前位置的值。如果光标指向刚刚删除的记录，则会创建新记录。

参数：

value：要存储在当前位置的新值。

返回值：

void：无。

9. IDBKeyRange 对象

代表数据仓库里面的一组主键。根据这组主键，可以获取数据仓库或主键里面的一组记录。

属性：

lower：返回下限。

lowerOpen：布尔值，表示下限是否为开区间(即下限是否排除在范围之外)。

upper：返回上限。

upperOpen：布尔值，表示上限是否为开区间(即上限是否排除在范围之外)。

1) lowerBound()

该方法用来指定下限。其代码如下：

```
IDBKeyRange.lowerBound(lower);
IDBKeyRange.lowerBound(lower,open);
```

说明：创建一个只有下限的新键范围。默认情况下，它包含较低的端点值并已关闭。

参数：

lower：指定新键范围的下限。

open：可选，表示下限是否排除端点值。默认值为 false。

返回值：IDBKeyRange 对象。

2) upperBound()

该方法用来指定上限。其代码如下：

```
IDBKeyRange.upperBound(upper [,open]);
```

说明：创建一个新的上限键范围。默认情况下，它包含上端点值并已关闭。

参数：

bound：指定新键范围的上限。

open：可选，表示上限是否排除端点值。默认值为 false。

返回值：IDBKeyRange 对象。

3) bound()

该方法用来同时指定上、下限。其代码如下：

```
IDBKeyRange.bound(lower,upper);
IDBKeyRange.bound(lower,upper,lowerOpen);
IDBKeyRange.bound(lower,upper,lowerOpen,upperOpen);
```

说明：创建具有指定的上限和下限的新键范围，边界可以是开放的(即边界排除端点值)或关闭(即边界包括端点值)。默认情况下，边界已关闭。

参数：

lower：指定新键范围的下限。

upper：指定新键范围的上限。

lowerOpen：可选，表示下限是否排除端点值。默认值为 false。

upperOpen：(可选，表示上限是否排除端点值。默认值为 false。

返回值：IDBKeyRange 对象。

4) only()

该方法用来指定只包含一个值。其代码如下：

```
IDBKeyRange.only(value);
```

说明：创建包含单个值的新键范围。

参数：

value：新键范围的值。

返回值：IDBKeyRange 对象。

五、HTML Web Worker API

1. Worker 对象

Worker 对象是 Web Workers API 的一部分，代表一个后台任务，它很容易被创建并向创建者发回消息。创建一个运行者(Worker)只要简单地调用 Worker()构造函数，指定一个脚本在工作线程中执行即可。

1) Worker()

访函数表示创建一个专用 Web worker，它只执行 URL 指定的脚本。Worker 不指定 URL 时，而由 Blob 创建。其代码如下：

```
new Worker(aURL, options);
```

说明：如果指定的 URL 有一个无效的语句，或者违反同源策略，则会抛出一个 SECURITY_ERR 类型的 DOMException。

参数：

aURL：是一个 DOMString，表示 Worker 将执行脚本的 URL。它必须遵守同源策略。

options：可选，包含可在创建对象实例时设置的选项属性的对象。

返回值：Worker 对象。

事件：

onerror：当 ErrorEvent 类型的事件冒泡到 Worker 时，事件监听函数 EventListener 被调用。它继承于 AbstractWorker。

onmessage：当 MessageEvent 类型的事件冒泡到 Worker 时，事件监听函数 EventListener 被调用。例如，一个消息通过 DedicatedWorkerGlobalScope.postMessage，从执行者发送到父页面对象，消息保存在事件对象的 data 属性中。

onmessageerror：当 messageerror 类型的事件发生时，对应的 EventHandler 代码被调用。

2) postMessage()

该方法表示发送一条消息到最近的外层对象，消息可由任何 JavaScript 对象组成。其代码如下：

```
myWorker.postMessage(aMessage, transferList);
```

说明：如果指定的 URL 有一个无效的语句，或者违反同源策略，则会抛出一个 SECURITY_ERR 类型的 DOMException。

参数：

aMessage：传递给工作进程的对象。这将在传递给 DedicatedWorkerGlobals Scope.OnMessage 处理程序的事件的数据字段中。这可能是结构化克隆算法处理的任何值或 JavaScript 对象，其中包括循环引用。

transferList：可选，表示一个可选的 Transferable 对象的数组，用于传递所有权。如果一个对象的所有权被转移，则在发送它的上下文中将变为不可用(中止)，并且只有在它被发送到的 Worker 中可用。

返回值：

void：无。

3)　terminate()

该方法表示立即终止 Worker，并且不会给 Worker 留下任何完成操作的机会，就是简单地立即停止。Service Woker 不支持这个方法。其代码如下：

```
myWorker.terminate();
```

说明：无。

参数：无。

返回值：

void：无。

2.　SharedWorker 对象

SharedWorker 对象表示一种可以同时被多个浏览器环境访问的特殊类型的 Worker。这些浏览器环境可以是多个 window、iframes 或者是多个 Worker。

构造函数：SharedWorker()。

该函数表示实例化一个 SharedWorker 对象，可以执行指定的 URL 的脚本。其代码如下：

```
new SharedWorker(aURL, name);
new SharedWorker(aURL, options);
```

说明：所执行的脚本必须遵守同源策略。如果 URL 的语法无效或者违反了同源策略，则会抛出 SECURITY_ERR 类型的 DOMException 异常。

参数：

aURL：一个代表了 Worker 将执行的脚本 URL 的 DOMString。它必须遵守同源策略。

name：可选，一个指定表示 Worker 范围的 SharedWorkerGlobalScope 的标识名称的 DOMString，主要用于调试。

options：可选，创建实例时设定的包含了可选属性的对象。

返回值：Worker 对象。

属性：

port：只读，返回一个 MessagePort 对象。该对象可以用来进行通信和对共享进程进行控制。

方法：继承自其父类 EventTarget 对象的方法，并实现来自 AbstractWorker 中的属性。

3. DedicatedWorkerGlobalScope 对象

DedicatedWorkerGlobalScope 对象表示一个专用 worker 的作用域，继承自 WorkerGlobalScope，且可添加一些特有的功能。

属性：

self：返回一个引用自 DedicatedWorkerGlobalScope 本身的对象。

console：只读，返回和 Worker 相关的 Console。

location：只读，返回和 Worker 相关的 WorkerLocation。WorkerLocation 是一个特定的 location 对象，绝大部分是浏览器作用域的 Location 的子集，但根据 Worker 进行了一些修改。

navigator：只读，WorkerNavigator 是一个特定的 navigator 对象，绝大部分是浏览器作用域的 Navigator 的子集，但根据 Worker 进行了一些修改。

performance：只读，返回和 Worker 相关的 Performance 对象。该对象是标准的 performance 对象，但是只是其属性和方法的子集。

事件：

onmessage：是一个 EventHandler，其代码会在一个 message 事件产生时被调用。这些事件的类型是 MessageEvent，并且将会被在 Worker 接收到一个来自于启动该 Worker 的文档的消息时被调用(比如来自于 Worker.postMessage 方法)。

1) postMessage()

该方法表示发送消息到生成该 Worker 的父文档。其代码如下：

```
postMessage(aMessage, transferList);
```

说明：数据可以是由结构化克隆算法处理的任何值或 JavaScript 对象，其包括循环引用。

产生 Worker 的主要范围可以将信息发送回使用该 Worker.postMessage 方法生成它的线程。

参数：

aMessage：传递给主线程的对象。这将在传递给 Worker.onmessage 处理程序的事件中的数据字段中。这可以是由结构化克隆算法处理的任何值或 JavaScript 对象，其包括循环引用。

transferList：可选，表示一个可选的对象数组。Transferable 用于转移所有权。如果转移了对象的所有权，则它在发送的上下文中变得不可用(绝对)，并且它仅可用于发送给它的主线程。

返回值：

void：无。

2) close()

该方法表示抛弃所有正在该 WorkerGlobalScope 的 event loop 中排队的任务，并有效地关闭该特定作用域。其代码如下：

```
self.close();
```

说明：无。

参数：无。

返回值：

void：无。

3) importScripts()

该方法表示导入一条或者以上脚本到当前 Worker 的作用域里。其代码如下：

```
self.importScripts(JavaScriptFiles);
```

说明：无。

参数：

JavaScriptFile：一个用逗号分隔的列表，表示要导入的脚本。

返回值：

void：无。

4. SharedWorkerGlobalScope 对象

SharedWorkerGlobalScope 对象表示一个共享 Worker 的作用域，继承自 WorkerGlobalScope，且可添加一些特有的功能。

属性：

name：只读，当 SharedWorkerGlobalScope 创建时，SharedWorker(可选择行的)赋予的。SharedWorker() 构造函数可以获取 name 值的引用并传递给 SharedWorkerGlobalScope。

applicationCache：只读，applicationCache 属性为 Worker 返回 ApplicationCache 对象。

self：返回一个引用自 DedicatedWorkerGlobalScope 本身的对象。

console：只读，返回和 Worker 相关的 Console。

location：只读，返回和 Worker 相关的 WorkerLocation。WorkerLocation 是一个特定的 location 对象，绝大部分是浏览器作用域的 Location 的子集，但根据 Worker 进行了一些修改。

navigator：只读，WorkerNavigator 是一个特定的 navigator 对象，绝大部分是浏览器作用域的 Navigator 的子集，但根据 worker 进行了一些修改。

performance：只读，返回和 Worker 相关的 Performance 对象。该对象是标准的 performance 对象，但是只是其属性和方法的子集。

5. WorkerNavigator 对象

代理客户端，这样的对象是为每个工作者 Worker 初始化的，并且可以通过 WorkerGlobalScope.navigator 调用获得的属性来获得 window.self.navigator。

属性：

connection：只读，提供 NetworkInformation 包含有关设备网络连接信息的对象。

locks：只读，返回一个 LockManager 对象。该对象提供请求新 Lock 对象和查询现有 Lock 对象的方法。

permissions：只读，返回一个 Permissions，可用于查询和更新由覆盖的 API 许可状态对象权限的 API。

storage：只读，返回 StorageManager 用于管理持久性权限和估计可用存储的接口。

继承属性：

NavigatorID.appCodeName：只读，'Mozilla'在任何浏览器中返回。仅出于兼容性目的保留此属性。

NavigatorID.appName：只读，返回浏览器的官方名称。不要依赖此属性来返回正确的值。

NavigatorID.appVersion：只读，以字符串形式返回浏览器的版本。不要依赖此属性来返回正确的值。

NavigatorConcurrentHardware.hardwareConcurrency：只读，返回可用的逻辑处理器核心数。

NavigatorLanguage.language：只读，返回 DOMString 表示浏览器语言版本的表示形式。如果 null 未知，则返回该值。

NavigatorLanguage.languages：只读，DOMString 按优先顺序返回，表示用户已知语言的 s 数组。

NavigatorOnLine.onLine：只读，返回 Boolean 表示浏览器是否在线的信息。

NavigatorID.platform：只读，返回表示浏览器平台的字符串。不要依赖此属性来返回正确的值。

NavigatorID.product：只读，'Gecko' 在任何浏览器上返回。仅出于兼容性目的保留此属性。

NavigatorID.userAgent：只读，返回当前浏览器的用户代理字符串。

参 考 文 献

[1] 王燕. HTML5 程序设计及实践. 西安：西安电子科技大学出版社，2016.

[2] Lubbers Peter，Albers Brain，Salim Frank. HTML5 高级程序设计. 李杰，柳靖，刘淼，译. 北京：人民邮电出版社，2005.

[3] 在线教程：CSS 教程. http://www.w3school.com.cn/ W3School.